JN106369

新版数学シリーズ

新版微分積分 I 演習

改訂版

岡本和夫 ［監修］

実教出版

本書の構成と利用

　本書は，教科書の内容を確実に理解し，問題演習を通して応用力を養成できるよう編集しました。

　新しい内容には，自学自習で理解できるように，例題を示しました。

要点　　　教科書記載の基本事項のまとめ

Ａ問題　　教科書記載の練習問題レベルの問題

　　　　　（　）内に対応する教科書の練習番号を記載

Ｂ問題　　応用力を付けるための問題

　　　　　教科書に載せていない内容には例題を掲載

発展問題　発展学習的な問題

章の問題　章全体の総合的問題

＊印　　　時間的余裕がない場合，＊印の問題だけを解いていけば一通り学習できるよう配慮しています。

目次

1-1 数列とその和

◆◆◆要点◆◆◆

▶等差数列

初項 a, 公差 d, 末項 l とする。

・一般項 a_n

$$a_n = a + (n-1)d$$

・初項から第 n 項までの和 S_n

$$S_n = \frac{1}{2}n(a+l) = \frac{1}{2}n\{2a + (n-1)d\}$$

▶等比数列

初項 a, 公比 r とする。

・一般項 a_n

$$a_n = ar^{n-1}$$

・初項から第 n 項までの和 S_n

$r \neq 1$ のとき, $S_n = \dfrac{a(1-r^n)}{1-r}$

$r = 1$ のとき, $S_n = na$

▶数列の和の公式

$$\sum_{k=1}^{n} c = nc \qquad \sum_{k=1}^{n} k = \frac{1}{2}n(n+1)$$

$$\sum_{k=1}^{n} k^2 = \frac{1}{6}n(n+1)(2n+1) \qquad \sum_{k=1}^{n} k^3 = \left\{\frac{n(n+1)}{2}\right\}^2$$

$$\sum_{k=1}^{n} ar^{k-1} = \frac{a(1-r^n)}{1-r} = \frac{a(r^n-1)}{r-1} \ (r \neq 1)$$

▶数列の和と一般項

$$a_1 = S_1$$
$$a_n = S_n - S_{n-1} \ (n \geq 2)$$

▶階差数列

数列 $\{a_n\}$ の階差数列を $\{b_n\}$ とすると

$$b_n = a_{n+1} - a_n \ (n=1, 2, 3, \cdots\cdots)$$

であり,

$$n \geq 2 \text{ のとき, } a_n = a_1 + \sum_{k=1}^{n-1} b_k$$

A

1 数列 $\{a_n\}$ の一般項が次の式で与えられているとき，それぞれの数列の初項から第5項までをかけ。 (数 p.9 練習3)

(1) $a_n = -5n + 12$ (2) $a_n = \dfrac{2n}{n+1}$ (3) $a_n = (-2)^{n-1}$

2 次の数列の一般項 a_n を求めよ。 (数 p.9 練習4)

(1) $2, 4, 6, 8, 10, \cdots\cdots$ (2) $\dfrac{1}{3}, \dfrac{3}{6}, \dfrac{5}{9}, \dfrac{7}{12}, \dfrac{9}{15}, \cdots\cdots$

3 次の等差数列の一般項 a_n を求めよ。また，第10項を求めよ。 (数 p.11 練習6)

(1) 初項2，公差6 (2) 初項 -3，公差2

(3) $3, 7, 11, 15, \cdots\cdots$ (4) $14, 9, 4, -1, \cdots\cdots$

4 次の等差数列の初項と公差を求めよ。また，一般項 a_n を求めよ。 (数 p.11 練習8)

(1) 第5項が13，第10項が28 (2) 第6項が65，第30項が -103

5 次の等差数列の和を求めよ。 (数 p.13 練習11)

(1) 初項2，末項60，項数40 (2) 初項 -1，末項23，項数28

(3) 初項4，公差3，項数26 (4) 初項6，公差 $-\dfrac{5}{2}$，項数33

6 次の等差数列の一般項 a_n を求め，初項から第 n 項までの和 S_n を求めよ。 (数 p.13 練習11)

(1) 初項5，公差4 (2) 初項 -1，公差10

(3) $3, 1, -1, -3, \cdots\cdots$ (4) $\dfrac{1}{2}, \dfrac{5}{4}, 2, \dfrac{11}{4}, \cdots\cdots$

* **7** 次の等差数列について，□の中にあてはまる数を入れよ。 (数 p.11 練習7，p.13 練習11, 12)

(1) 初項が2，公差が3のとき，296は第□項で，その項までの和は□である。

(2) 初項が5，末項が -55，和が -525 のとき，項数は□個で，公差は□である。

(3) 初項が1000，公差が -15 のとき，初めて負になるのは第□項目からで，この数列の和の最大値は□である。

8 等差数列をなす3つの数が次の条件を満たすとき，その3数を求めよ。

(國 p.11 練習 9, 10)

   (1) 和が 15，積が 80　　　　(2) 和が 12，平方の和が 120

* 9 次の等比数列の一般項 a_n を求めよ。また，第6項を求めよ。

(國 p.15 練習 15)

   (1) 初項 2，公比 3　　　　(2) 初項 3，公比 -2
   (3) 10，20，40，……　　　　(4) 81，-27，9，……

* 10 次の等比数列の初項と公比を求めよ。また，一般項 a_n を求めよ。

(國 p.15 練習 17)

   (1) 第3項が 6，第6項が 48　　(2) 第2項が -6，第6項が -486

11 一般項が次の式で与えられる等比数列の初項と公比をいえ。

(國 p.14 練習 14)

   (1) $a_n = 5 \cdot 2^{n-1}$　　　(2) $a_n = (-3)^n$　　　(3) $a_n = 2^{2n-1}$

* 12 次の等比数列の一般項 a_n と初項から第 n 項までの和 S_n を求めよ。

(國 p.16 練習 20)

   (1) 初項 1，公比 4　　　　(2) 初項 8，公比 $\dfrac{1}{2}$

   (3) 一般項が $a_n = \dfrac{1}{2^n}$　　(4) 一般項が $a_n = 3 \cdot (-2)^{n-1}$

   (5) 2，$\dfrac{4}{3}$，$\dfrac{8}{9}$，$\dfrac{16}{27}$，……　　(6) 1，-1，1，-1，……

* 13 次の等比数列について，□ の中にあてはまる数を入れよ。

(國 p.15 練習 16, p.16 練習 17)

   (1) 公比が3で，第4項が 135 のとき，初項は □ で，この数列は第 □ 項から 2000 より大きくなる。
   (2) 初項が3，公比が -2 で初項から第 □ 項までの和が 129 になる。
   (3) 初めの3項の和が3，次の3項の和が -24 のとき，その次の3項の和は □ である。

14 等比数列をなす3つの数が次の条件を満たすとき，その3数を求めよ。

(國 p.15 練習 18, 19)

   (1) 和が 26，積が 216　　　　(2) 和が 39，積が 1000

15 次の和を求めよ。

(教 p.20 練習 25)

*(1) $\displaystyle\sum_{k=1}^{n}(3k+1)$ *(2) $\displaystyle\sum_{k=1}^{n}(k^2-2k)$ *(3) $\displaystyle\sum_{k=1}^{n}(k-1)k(k+1)$

(4) $\displaystyle\sum_{k=1}^{n-1}3^k$ (5) $\displaystyle\sum_{k=1}^{n}3^{k-1}$

◆◇◆◇◆◇◆◇◆◇◆◇◆◇◆◇◆◇ **B** ◆◇◆◇◆◇◆◇◆◇◆◇◆◇◆◇◆◇

* **16** 1 から 100 までの正の整数について，次の和を求めよ。

  (1) 2 の倍数の和   (2) 7 の倍数の和

  (3) 2 かつ 7 の倍数の和   (4) 2 または 7 の倍数の和

17 3 桁の自然数のうち，次のような数の和を求めよ。

  (1) 4 で割っても 6 で割っても 2 余る数

  *(2) 4 で割ると 1 余り，6 で割ると 3 余る数

* **18** ある等比数列の初項から第 5 項までの和 S_5 が 4 で，初項から第 10 項までの和 S_{10} が 132 である。このとき初項から第 15 項までの和 S_{15} を求めよ。

19 3 つの数 1, a, b がこの順に等差数列をなし，1, a^2, b^2 がこの順に等比数列をなすとき a, b の値を求めよ。

20 初項 1 の等差数列 $\{a_n\}$ と，公比 2 の等比数列 $\{b_n\}$ がある。このとき，次の条件を満たす数列の一般項を求めよ。

  (1) $c_n=a_n+b_n$, $c_2=11$, $c_4=37$ である数列 $\{c_n\}$

  (2) $d_n=a_nb_n$, $d_2=40$, $d_3=140$ である数列 $\{d_n\}$

21 次の数列の初項から第 n 項までの和 S_n を求めよ。

  (1) $1\cdot3$, $2\cdot5$, $3\cdot7$, $4\cdot9$, ……   *(2) 2^2, 4^2, 6^2, 8^2, ……

  (3) $1\cdot3$, $3\cdot5$, $5\cdot7$, $7\cdot9$, ……   *(4) $1\cdot2\cdot3$, $2\cdot3\cdot4$, $3\cdot4\cdot5$, ……

22 次の数列の初項から第 n 項までの和 S_n を求めよ。

  *(1) $\dfrac{1}{2\cdot5}$, $\dfrac{1}{5\cdot8}$, $\dfrac{1}{8\cdot11}$, $\dfrac{1}{11\cdot14}$, ……

  (2) $\dfrac{1}{2\cdot4}$, $\dfrac{1}{4\cdot6}$, $\dfrac{1}{6\cdot8}$, $\dfrac{1}{8\cdot10}$, ……

  *(3) $\dfrac{1}{\sqrt{1}+\sqrt{3}}$, $\dfrac{1}{\sqrt{2}+\sqrt{4}}$, $\dfrac{1}{\sqrt{3}+\sqrt{5}}$, ……

  (4) $\dfrac{1}{2^2-1}$, $\dfrac{1}{3^2-1}$, $\dfrac{1}{4^2-1}$, $\dfrac{1}{5^2-1}$, ……

例題 1　次の数列 $\{a_n\}$ の一般項を求めよ。

$$2,\ 3,\ 6,\ 11,\ 18,\ 27,\ \cdots\cdots$$

考え方　等差でも等比でもない数列は，次のように階差をとって考える。

$$
\begin{array}{cccccc}
2 & 3 & 6 & 11 & 18 & 27 \quad \cdots\cdots \{a_n\}\\
\end{array}
$$
$$
\begin{array}{ccccc}
1 & 3 & 5 & 7 & 9 \quad \cdots\cdots \{b_n\}
\end{array}
$$

解　数列 $\{a_n\}$ の階差数列を $\{b_n\}$ とすると，$b_n = 2n-1$

$n \geqq 2$ のとき

$a_n = 2 + \displaystyle\sum_{k=1}^{n-1}(2k-1)$

$\quad = 2 + 2\displaystyle\sum_{k=1}^{n-1}k - \sum_{k=1}^{n-1}1$

$\quad = 2 + 2\cdot\dfrac{1}{2}(n-1)n - (n-1)$

$\quad = n^2 - 2n + 3$

これは $n=1$ のときにも成り立つ。

よって，$a_n = n^2 - 2n + 3$

> $b_n = 2n-1$ の初項から第 $n-1$ 項までの和
>
> $a_n = 2 + (1+3+5+\cdots\cdots+2n-3)$
>
> $\quad = 2 + \displaystyle\sum_{k=1}^{n-1}(2k-1)$

23　次の数列の一般項 a_n を求めよ。

(1)　$1,\ 3,\ 7,\ 13,\ 21,\ 31,\ \cdots\cdots$

(2)　$1,\ 2,\ 5,\ 14,\ 41,\ 122,\ \cdots\cdots$

(3)　$1,\ 11,\ 111,\ 1111,\ 11111,\ \cdots\cdots$

24　次の数列の初項から第 n 項までの和 S_n を求めよ。

(1)　$1\cdot n^2,\ 2\cdot(n-1)^2,\ 3\cdot(n-2)^2,\ \cdots\cdots,\ (n-1)\cdot 2^2,\ n\cdot 1^2$

(2)　$(n+1)^2,\ (n+2)^2,\ (n+3)^2,\ \cdots\cdots,\ (n+n)^2$

◆**発展問題**◆

25　次の数列の和を求めよ。

$$S_n = 1 + 3x + 5x^2 + \cdots\cdots + \cdots\cdots + (2n-1)x^{n-1}$$

26　奇数の数列 $1,\ 3,\ 5,\ \cdots\cdots$ を，第 n 群が n 個の奇数を含むように分ける。

$$1 \mid 3,\ 5 \mid 7,\ 9,\ 11 \mid 13,\ 15,\ 17,\ 19 \mid 21,\ 23,\ \cdots\cdots$$

(1)　第 10 群の最初の数を求めよ。

(2)　999 は第何群の何番目の数か。

(3)　第 n 群の和を求めよ。

1-2 漸化式と数学的帰納法

◆◆◆要点◆◆◆

▶漸化式

· $a_{n+1} - a_n = f(n)$ $(n=1, 2, 3, \cdots\cdots)$ （階差数列）

$n \geqq 2$ のとき, $a_n = a_1 + \sum_{k=1}^{n-1} f(k)$

· $a_{n+1} = pa_n + q$ $(n=1, 2, 3, \cdots\cdots, \; p \neq 1, \; q \neq 0)$

$a_{n+1} - \alpha = p(a_n - \alpha)$ と変形 ◀——α は特性方程式 $\alpha = p\alpha + q$ の解

数列 $\{a_n - \alpha\}$ は初項 $a_1 - \alpha$, 公比 p の等比数列となる。

$a_n - \alpha = (a_1 - \alpha) p^{n-1}$ ➡ $a_n = (a_1 - \alpha) p^{n-1} + \alpha$

▶数学的帰納法

自然数 n を含んだ命題 $P(n)$ が, すべての自然数 n について成り立つことを証明するには, 次のことを示せばよい。

(I) $n = 1$ のとき成り立つ。

(II) $n = k$ のとき成り立つと仮定すると, $n = k+1$ のときにも成り立つ。

A

27 次のように定義された数列の a_2, a_3, a_4, a_5 を求めよ。　（國 p.22 練習28）

(1) $a_1 = 1$, $a_{n+1} = a_n + 3$ 　　　　(2) $a_1 = 2$, $a_{n+1} = 2a_n - 1$

*(3) $a_1 = 1$, $a_2 = 2$, $a_{n+2} - 3a_{n+1} + 2a_n = 0$

* **28** 数列 $\{a_n\}$ が次の関係式で定義されているとき, その一般項を求めよ。

(1) $a_1 = 1$, $a_{n+1} - a_n = 3$ $(n=1, 2, 3, \cdots\cdots)$ 　（國 p.22 練習29）

(2) $a_1 = 1$, $a_{n+1} - a_n = 2n$ $(n=1, 2, 3, \cdots\cdots)$

(3) $a_1 = 1$, $a_{n+1} - a_n = 2^n$ $(n=1, 2, 3, \cdots\cdots)$

29 n が自然数のとき, 次の等式が成り立つことを数学的帰納法で証明せよ。

*(1) $2 + 5 + 8 + \cdots\cdots + (3n - 1) = \dfrac{n(3n+1)}{2}$ 　（國 p.24 練習30）

(2) $1 + 2 + 2^2 + \cdots\cdots + 2^{n-1} = 2^n - 1$

30 n が 2 以上の自然数のとき, 次の不等式が成り立つことを数学的帰納法で証明せよ。　（國 p.25 練習31）

*(1) $2 + 4 + 6 + \cdots\cdots + 2n > n^2 + 1$ 　(2) $1 + \dfrac{1}{2} + \dfrac{1}{3} + \cdots\cdots + \dfrac{1}{n} > \dfrac{2n}{n+1}$

◇◆◇◆◇◆◇◆◇◆◇◆◇◆◇◆◇◆◇◆◇◆◇◆◇ **B** ◇◆◇◆◇◆◇◆◇◆◇◆◇◆◇◆◇◆◇◆◇◆◇◆◇

例題 2　$a_1 = 1$, $a_{n+1} - a_n = 4n$ $(n=1, 2, 3, \cdots\cdots)$ で定められた数列 $\{a_n\}$ の一般項を求めよ。

考え方　階差数列 $a_{n+1} - a_n = f(n)$ ➡ $a_n = a_1 + \sum\limits_{k=1}^{n-1} f(k)$ $(n \geqq 2)$

解　$n \geqq 2$ のとき

$$a_n = a_1 + \sum_{k=1}^{n-1} 4k = 1 + 4 \cdot \frac{1}{2} n(n-1)$$

$$= 2n^2 - 2n + 1$$

これは $n = 1$ のときにも成り立つ。

よって，$a_n = 2n^2 - 2n + 1$

31　次の式で定められる数列 $\{a_n\}$ の一般項を求めよ。

(1)　$a_1 = 1$, $a_{n+1} - a_n = n^2$ $(n=1, 2, 3, \cdots\cdots)$

(2)　$a_1 = 1$, $a_{n+1} - a_n = \left(\dfrac{1}{2}\right)^n$ $(n=1, 2, 3, \cdots\cdots)$

例題 3　$a_1 = 3$, $a_{n+1} = 3a_n - 2$ $(n=1, 2, 3, \cdots\cdots)$ で定められた数列 $\{a_n\}$ の一般項を求めよ。

考え方　$a_{n+1} = pa_n + q$ $(p \neq 1)$ ➡ $a_{n+1} - \alpha = p(a_n - \alpha)$ に変形

解　与えられた漸化式を

$a_{n+1} - 1 = 3(a_n - 1)$ と変形。　◀── 特性方程式 $\alpha = 3\alpha - 2$ より $\alpha = 1$

数列 $\{a_n - 1\}$ は初項 $a_1 - 1 = 2$，公比 3 の等比数列である。

よって，

$$a_n - 1 = 2 \cdot 3^{n-1} \quad \text{すなわち} \quad a_n = 2 \cdot 3^{n-1} + 1$$

32　次の式で定められた数列 $\{a_n\}$ の一般項を求めよ。

(1)　$a_1 = 1$, $a_{n+1} = 2a_n + 4$ $(n=1, 2, 3, \cdots\cdots)$

(2)　$a_1 = 3$, $a_{n+1} = \dfrac{1}{2} a_n + 1$ $(n=1, 2, 3, \cdots\cdots)$

(3)　$a_1 = -1$, $a_{n+1} + 3a_n = 1$ $(n=1, 2, 3, \cdots\cdots)$

═══════ ◆ 発展問題 ◆ ═══════

33 次の漸化式で定められる数列 $\{a_n\}$ の一般項を求めよ。ただし，$n=1$，2，3，…… とする。

(1)　$a_1 = 1$，$a_{n+1} - a_n = \dfrac{1}{n(n+1)}$

(2)　$a_1 = 2$，$a_{n+1} = \dfrac{a_n}{a_n + 3}$

（ヒント）　(2)は両辺の逆数をとって，$b_n = \dfrac{1}{a_n}$ とおく。

例題 4　$a_1 = \dfrac{1}{2}$，$a_{n+1} = \dfrac{1}{2-a_n}$ （$n=1$, 2, 3, ……）で定められる数列 $\{a_n\}$ の一般項を推定し，その推定が正しいことを数学的帰納法で証明せよ。

考え方　a_1, a_2, a_3, a_4, …… を求めて a_n を推定する。

解　$a_1 = \dfrac{1}{2}$ から $a_2 = \dfrac{1}{2-a_1} = \dfrac{1}{2-\dfrac{1}{2}} = \dfrac{2}{3}$

$a_3 = \dfrac{1}{2-a_2} = \dfrac{1}{2-\dfrac{2}{3}} = \dfrac{3}{4}$，　$a_4 = \dfrac{1}{2-a_3} = \dfrac{1}{2-\dfrac{3}{4}} = \dfrac{4}{5}$

これより $a_n = \dfrac{n}{n+1}$ と推定される。

(I)　$n=1$ のときは $a_1 = \dfrac{1}{1+1} = \dfrac{1}{2}$ で成り立つ。

(II)　$n=k$ のとき，$a_k = \dfrac{k}{k+1}$ が成り立つと仮定すると

$n = k+1$ のとき

$$a_{k+1} = \dfrac{1}{2-a_k} = \dfrac{1}{2-\dfrac{k}{k+1}} = \dfrac{k+1}{k+2}$$

よって，$n = k+1$ のときにも成り立つ。

(I)，(II)により，すべての自然数 n について成り立つ。

34　$a_1 = 2$，$a_{n+1} = \dfrac{3a_n - 2}{2a_n - 1}$ （$n=1$, 2, 3, ……）で定められる数列 $\{a_n\}$ の一般項を推定し，その推定が正しいことを数学的帰納法で証明せよ。

2-1 | 数列の極限

◆◆◆要点◆◆◆

▶数列の極限

$$\begin{cases} 収束 \cdots\cdots\cdots\cdots\cdots\cdots \lim_{n\to\infty} a_n = \alpha \quad (極限値は \alpha) \\ 発散 \begin{cases} 正の無限大に発散 \cdots \lim_{n\to\infty} a_n = \infty \quad (極限は正の無限大) \\ 負の無限大に発散 \cdots \lim_{n\to\infty} a_n = -\infty \quad (極限は負の無限大) \\ 振動する \qquad\qquad\qquad (極限値はない) \end{cases} \end{cases}$$

▶数列の極限の性質

$\lim_{n\to\infty} a_n = \alpha,\ \lim_{n\to\infty} b_n = \beta$ のとき

・$\lim_{n\to\infty} ka_n = k\alpha$ （ただし，k は定数）

・$\lim_{n\to\infty} (a_n + b_n) = \alpha + \beta,\quad \lim_{n\to\infty} (a_n - b_n) = \alpha - \beta$

・$\lim_{n\to\infty} a_n b_n = \alpha\beta$

・$\lim_{n\to\infty} \dfrac{a_n}{b_n} = \dfrac{\alpha}{\beta}\quad (\beta \neq 0)$

・$\lim_{n\to\infty} (ka_n + lb_n) = k\alpha + l\beta \quad (k,\ l は定数)$

▶無限等比数列 $\{r^n\}$ の極限

$r > 1$ のとき $\lim_{n\to\infty} r^n = \infty$ （発散する）

$r = 1$ のとき $\lim_{n\to\infty} r^n = 1$

$-1 < r < 1$ のとき $\lim_{n\to\infty} r^n = 0$ （収束する）

$r \leqq -1$ のとき $\lim_{n\to\infty} r^n$ は振動（極限はない）

▶数列の極限と大小関係

・$a_n \leqq b_n\ (n=1,\ 2,\ 3,\ \cdots\cdots)$ のとき

$\lim_{n\to\infty} a_n = \alpha,\ \lim_{n\to\infty} b_n = \beta \implies \alpha \leqq \beta$

・$a_n \leqq c_n \leqq b_n\ (n=1,\ 2,\ 3,\ \cdots\cdots)$ のとき

$\lim_{n\to\infty} a_n = \alpha,\ \lim_{n\to\infty} b_n = \alpha \implies \lim_{n\to\infty} c_n = \alpha$

（はさみうちの原理ということがある。）

A

35 一般項が次の式で表される数列の極限を調べよ。　　(教 p.30 練習2)

(1) $2n+1$　　　(2) $-n^3+10$　　　(3) $\sqrt{3n}$

(4) $(-1)^{n+1}$　　　(5) $(-1)^{n-1}n$　　　(6) $\dfrac{(-1)^n}{n^2}$

(7) $\sin n\pi$　　　(8) $\cos\dfrac{n\pi}{4}$　　　(9) $\tan n\pi$

＊36 次の極限を調べよ。　　(教 p.31 練習3-4)

(1) $\displaystyle\lim_{n\to\infty}(2n^2-3n)$　　(2) $\displaystyle\lim_{n\to\infty}(-n^3+n)$　　(3) $\displaystyle\lim_{n\to\infty}(n-2\sqrt{n})$

(4) $\displaystyle\lim_{n\to\infty}\dfrac{n^2-3n+1}{n^2+5n-2}$　　(5) $\displaystyle\lim_{n\to\infty}\dfrac{-n^3+5n}{2n^2-4n+1}$　　(6) $\displaystyle\lim_{n\to\infty}\dfrac{n(n+1)(n-2)}{n^3+3}$

(7) $\displaystyle\lim_{n\to\infty}\dfrac{n+1}{\sqrt{2n+1}}$　　(8) $\displaystyle\lim_{n\to\infty}\dfrac{\sqrt{n}}{\sqrt{2n+3}}$　　(9) $\displaystyle\lim_{n\to\infty}\dfrac{\sqrt{4n^2+n}}{n+2}$

37 次の極限を調べよ。　　(教 p.32 練習5)

(1) $\displaystyle\lim_{n\to\infty}(\sqrt{n-3}-\sqrt{n-1})$　　　(2) $\displaystyle\lim_{n\to\infty}\dfrac{1}{\sqrt{n+3}-\sqrt{n+1}}$

38 次の等比数列の第 n 項 a_n を求めよ。また，数列 $\{a_n\}$ の極限を調べよ。

(教 p.34 練習6)

＊(1) $2,\ -4,\ 8,\ -16,\ \cdots\cdots$　　　(2) $1,\ -\dfrac{1}{3},\ \dfrac{1}{9},\ -\dfrac{1}{27},\ \cdots\cdots$

＊(3) $6,\ 4,\ \dfrac{8}{3},\ \dfrac{16}{9},\ \cdots\cdots$　　　(4) $6,\ -2\sqrt{3},\ 2,\ -\dfrac{2}{\sqrt{3}},\ \dfrac{2}{3},\ \cdots\cdots$

39 次の極限を調べよ。　　(教 p.35 練習7)

(1) $\displaystyle\lim_{n\to\infty}(3^n-2^{2n})$　　(2) $\displaystyle\lim_{n\to\infty}\dfrac{1-(0.2)^n}{(0.5)^n}$　　(3) $\displaystyle\lim_{n\to\infty}\dfrac{2^{n-1}-3^{n+1}}{2^n+3^n}$

＊(4) $\displaystyle\lim_{n\to\infty}\dfrac{3^n-(\sqrt{2})^n}{(\sqrt{3})^n}$　　＊(5) $\displaystyle\lim_{n\to\infty}(-1)^n\dfrac{1-2^n}{1+2^n}$　　＊(6) $\displaystyle\lim_{n\to\infty}\dfrac{3^n}{(-2)^n+1}$

40 次の数列が収束するような実数 x の値の範囲を求めよ。　　(教 p.35 練習8)

(1) $\{(1-3x)^n\}$　　　　　(2) $\{(x^2-4x)^n\}$

＊41 次の各場合について，数列 $\left\{\dfrac{r^{n+1}}{2+r^n}\right\}$ の極限を調べよ。　　(教 p.35 練習9)

(1) $|r|<1$　　(2) $r=1$　　(3) $r=-1$　　(4) $|r|>1$

◇—◆—◇—◆—◇—◆—◇—◆—◇—◆—◇—◆—◇—◆—◇—◆—◇—◆—◇—◆—◇—◆ **B** ◆—◇—◆—◇—◆—◇—◆—◇—◆—◇—◆—◇—◆—◇—◆—◇—◆—◇—◆—◇—◆—◇

例題 5　$\displaystyle\lim_{n\to\infty}\frac{1}{n}\sin\frac{n\pi}{4}$ を求めよ。

考え方　$-1 \le \sin\theta \le 1$ であることを利用する。

解　$-1 \le \sin\dfrac{n\pi}{4} \le 1$　であるから　$-\dfrac{1}{n} \le \dfrac{1}{n}\sin\dfrac{n\pi}{4} \le \dfrac{1}{n}$

ここで，$\displaystyle\lim_{n\to\infty}\left(-\frac{1}{n}\right)=0,\ \lim_{n\to\infty}\frac{1}{n}=0$ であるから

$\displaystyle\lim_{n\to\infty}\frac{1}{n}\sin\frac{n\pi}{4}=0$

42　θ を定数とするとき，次の極限を求めよ。

(1)　$\displaystyle\lim_{n\to\infty}\frac{1}{n}\cos n\theta$　　　(2)　$\displaystyle\lim_{n\to\infty}\frac{1+\sin n\theta}{n}$　　　(3)　$\displaystyle\lim_{n\to\infty}\frac{\sin^2 n\theta}{n^2+1}$

43　数列 $\{a_n\}$ の第 n 項が，次の不等式を満たすとき，$\displaystyle\lim_{n\to\infty}\frac{a_{2n}}{a_n}$ を求めよ。

(1)　$n < a_n < n+1$　　　　　　　(2)　$\log_2 n < a_n < \log_2 2n$

44　次の極限値を求めよ。

(1)　$\displaystyle\lim_{n\to\infty}\{\log_2(n-1)-\log_2 2n\}$　　(2)　$\displaystyle\lim_{n\to\infty}\frac{\sqrt{n+1}-\sqrt{n-1}}{\sqrt{n+2}-\sqrt{n-2}}$

45　次の極限値を求めよ。

(1)　$\displaystyle\lim_{n\to\infty}\frac{1^2+2^2+\cdots\cdots+n^2}{n^3}$　　(2)　$\displaystyle\lim_{n\to\infty}\frac{1\cdot2+2\cdot3+\cdots\cdots+n(n+1)}{1^2+2^2+\cdots\cdots+n^2}$

46　次の極限値を求めよ。

(1)　$\displaystyle\lim_{n\to\infty}\frac{3^{n+1}+5^{n+1}+7^{n+1}}{3^n+5^n+7^n}$　　(2)　$\displaystyle\lim_{n\to\infty}\frac{2\cdot4\cdot6\cdots\cdots2n}{3\cdot6\cdot9\cdots\cdots3n}$

◆━━━━━━━━━━━━━━ **発展問題** ━━━━━━━━━━━━━━◆

47　次の極限を調べよ。

*(1)　$\displaystyle\lim_{n\to\infty}\frac{1+r^n+r^{2n}}{2-r^{2n}}$　　　(2)　$\displaystyle\lim_{n\to\infty}\frac{2-\sin^n\theta}{2+\sin^n\theta}\ (0 \le \theta < 2\pi)$

* **48**　次の漸化式で表される数列の極限値を求めよ。

(1)　$a_1 = 1,\ 3a_{n+1} = a_n + 6\ \ (n=1, 2, 3, \cdots\cdots)$

(2)　$a_1 = 1,\ a_2 = 2,\ 3a_{n+2} = 4a_{n+1} - a_n\ \ (n=1, 2, 3, \cdots\cdots)$

2-2 | 無限級数

◆◆◆要点◆◆◆

▶無限級数の収束・発散

部分和 $S_n = \sum_{k=1}^{n} a_k$ を求めて，$\lim_{n \to \infty} S_n$ の収束・発散を考える。

▶無限等比級数の収束・発散

初項 a，公比 r の無限等比級数

$$\sum_{n=1}^{\infty} ar^{n-1} = a + ar + ar^2 + \cdots\cdots + ar^{n-1} + \cdots\cdots$$

$|r| < 1$ のとき，収束してその和は $\dfrac{a}{1-r}$

$|r| \geqq 1$ のとき，発散する。

$a = 0$ のとき，収束してその和は 0

▶無限級数の性質

$\sum_{n=1}^{\infty} a_n = S,\ \sum_{n=1}^{\infty} b_n = T$ のとき

$$\sum_{n=1}^{\infty} (ka_n + lb_n) = kS + lT \quad (k,\ l は定数)$$

▶循環小数

無限等比級数を用いると，循環小数は分数で表すことができる。

A

49 次の無限級数の収束，発散を調べ，収束するときはその和を求めよ。

(敎 p.37 練習 10)

(1) $\displaystyle\sum_{n=1}^{\infty} \dfrac{1}{(4n-3)(4n+1)}$ (2) $\displaystyle\sum_{n=1}^{\infty} \dfrac{1}{\sqrt{3n-2}+\sqrt{3n+1}}$

50 次の無限等比級数の収束，発散を調べ，収束するときはその和を求めよ。

(敎 p.39 練習 11)

*(1) $1 - \dfrac{1}{3} + \dfrac{1}{9} - \dfrac{1}{27} + \cdots\cdots$ *(2) $\dfrac{1}{2} - \dfrac{3}{4} + \dfrac{9}{8} - \dfrac{27}{16} + \cdots\cdots$

(3) $1 + 0.2 + 0.04 + 0.008 + \cdots\cdots$ (4) $(\sqrt{2}-1) + 1 + (\sqrt{2}+1) + \cdots\cdots$

* 51 次の無限等比級数が収束するときの x の値の範囲を求めよ。 (敎 p.39 練習 12)

(1) $1 - 2x + 4x^2 - 8x^3 + \cdots\cdots$

(2) $x + x(x^2-x+1) + x(x^2-x+1)^2 + x(x^2-x+1)^3 + \cdots\cdots$

52 次の循環小数を分数の形で表せ。 (敎 p.40 練習 13)

(1) $0.\dot{7}$ (2) $0.\dot{2}\dot{4}$ (3) $0.1\dot{5}1\dot{3}$

◇-◆-◇-◆-◇-◆-◇-◆-◇-◆-◇-◆-◇-◆-◇-◆-◇-◆-◇-◆-◇-◆-◇-◆-◇ **B** ◇-◆-◇-◆-◇-◆-◇-◆-◇-◆-◇-◆-◇-◆-◇-◆-◇-◆-◇-◆-◇-◆-◇

53 次の無限級数の収束，発散を調べ，収束するときはその和を求めよ。

*(1) $\dfrac{1}{2^2-1}+\dfrac{1}{4^2-1}+\dfrac{1}{6^2-1}+\cdots\cdots$

(2) $\dfrac{1}{1^2+2}+\dfrac{1}{2^2+4}+\dfrac{1}{3^2+6}+\cdots\cdots$

(3) $\log_{10}\dfrac{2}{1}+\log_{10}\dfrac{3}{2}+\log_{10}\dfrac{4}{3}+\cdots\cdots$

* **54** 次の無限級数の収束，発散を調べ，収束するときはその和を求めよ。

(1) $\displaystyle\sum_{n=1}^{\infty}\left(-\dfrac{1}{3^n}+\dfrac{1}{5^n}\right)$ (2) $\displaystyle\sum_{n=1}^{\infty}\left(\dfrac{2^n-1}{3^n}\right)$ (3) $\displaystyle\sum_{n=1}^{\infty}\dfrac{2^n-(-1)^n}{3^n}$

55 次の無限級数の和を求めよ。

(1) $\displaystyle\sum_{n=1}^{\infty}\left(\dfrac{1}{3}\right)^n\cos n\pi$ (2) $\displaystyle\sum_{n=1}^{\infty}\left(-\dfrac{1}{2}\right)^n\sin\dfrac{n\pi}{2}$

例題 6 次の無限級数の収束，発散について調べよ。

$$2-\dfrac{3}{2}+\dfrac{3}{2}-\dfrac{4}{3}+\dfrac{4}{3}-\cdots\cdots+\dfrac{n+1}{n}-\dfrac{n+2}{n+1}+\cdots\cdots$$

考え方 部分和 S_n は n が偶数の場合と奇数の場合で異なるので，場合分けをして部分和 S_n を求める。

解 第 n 項までの部分和を S_n とすると

(ⅰ) $S_{2n}=2-\dfrac{3}{2}+\dfrac{3}{2}-\dfrac{4}{3}+\dfrac{4}{3}-\cdots\cdots+\dfrac{n+1}{n}-\dfrac{n+2}{n+1}=2-\dfrac{n+2}{n+1}$

∴ $\displaystyle\lim_{n\to\infty}S_{2n}=\lim_{n\to\infty}\left(2-\dfrac{n+2}{n+1}\right)=1$

(ⅱ) $S_{2n-1}=S_{2n}-\left(-\dfrac{n+2}{n+1}\right)$ ←── S_{2n-1} は S_{2n} から最後の項を引いたもの。

∴ $\displaystyle\lim_{n\to\infty}S_{2n-1}=\lim_{n\to\infty}\left(S_{2n}+\dfrac{n+2}{n+1}\right)=1+1=2$

よって，(ⅰ)，(ⅱ)より $\displaystyle\lim_{n\to\infty}S_{2n}\neq\lim_{n\to\infty}S_{2n-1}$ であるから発散する。

---

56 次の無限級数の収束，発散を調べ，収束するものについては和を求めよ。

(1) $1-\dfrac{1}{2}+\dfrac{1}{2}-\dfrac{1}{3}+\dfrac{1}{3}-\dfrac{1}{4}+\cdots\cdots+\dfrac{1}{n}-\dfrac{1}{n+1}+\cdots\cdots$

(2) $\dfrac{2}{3}-\dfrac{4}{5}+\dfrac{4}{5}-\dfrac{6}{7}+\dfrac{6}{7}-\dfrac{8}{9}+\cdots\cdots+\dfrac{2n}{2n+1}-\dfrac{2n+2}{2n+2}$

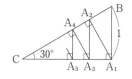

例題
7

右の図のような直角三角形 A_1BC の直角の頂点 A_1 から順に，垂線 A_1A_2，A_2A_3，…… を下ろす。$\triangle CA_nA_{n+1}$ の面積を S_n とするとき

$$S = S_1 + S_2 + S_3 + \cdots\cdots + S_n + \cdots\cdots$$

を求めよ。

考え方 S_n と S_{n-1} の関係式を求める。数列 $\{S_n\}$ は無限等比級数になる。

解 $\triangle CA_nA_{n+1}$ の面積を S_n とすると

$$S_1 = \frac{1}{2}CA_2 \cdot A_1A_2 = \frac{1}{2} \cdot \frac{3}{2} \cdot \frac{\sqrt{3}}{2} = \frac{3\sqrt{3}}{8}$$

$\triangle CA_nA_{n+1} \backsim \triangle CA_{n+1}A_{n+2}$ であり相似比は $2 : \sqrt{3}$

$$\therefore \quad S_{n+1} = \left(\frac{\sqrt{3}}{2}\right)^2 S_n = \frac{3}{4}S_n$$

S は初項 S_1，公比 $\dfrac{3}{4}$ の無限等比級数の和であるから収束し

$$S = \frac{\dfrac{3\sqrt{3}}{8}}{1 - \dfrac{3}{4}} = \frac{3\sqrt{3}}{2}$$

* **57** 1辺の長さ a の正方形 S の中に，各辺の中点を結んでできる正方形 S_1，S_2，S_3，…… をつぎつぎにつくる。このとき次の問いに答えよ。

(1) これらの正方形の面積の総和を求めよ。

(2) これらの正方形の周の長さの総和を求めよ。

58 半径 r_1 の円 O_1 に，円外の1点 A から2本の接線を引き，2本の接線のつくる角を 2θ とする。この2本の直線に接し，互いに外接する円 O_2，O_3，…… を，図のようにつぎつぎにつくる。これらの円 O_1，O_2，O_3，…… の面積の総和を求めよ。

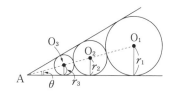

◀ **発展問題** ▶

59 あるボールを床に落とすと，常に落ちる高さの $\dfrac{3}{4}$ まではね返る。このボールを高さ1mの高さから落としたとき，床の上で静止するまでにこのボールが上下した距離の総和を求めよ。

1章 の問題

1　10 と 20 の間に k 個の数を入れて等差数列をつくったら，その和が 300 になった。このとき，k の値と公差を求めよ。

2　5 を分母とする正の既約分数のうち 50 以下のものの和を求めよ。

3　1 から 100 までの自然数のうち，次のような数の和を求めよ。
　(1)　3 で割り切れるが 5 で割り切れない数
　(2)　3 でも 5 でも割り切れない数

4　初項 1，公比 $\dfrac{1}{2}$ の等比数列 $\{a_n\}$ について，次の和を求めよ。
　(1)　$a_1{}^2 + a_2{}^2 + a_3{}^2 + \cdots + a_n{}^2$
　(2)　$\dfrac{1}{a_1} + \dfrac{1}{a_2} + \dfrac{1}{a_3} + \cdots + \dfrac{1}{a_n}$
　(3)　$\log_2 a_1 + \log_2 a_2 + \log_2 a_3 + \cdots\cdots + \log_2 a_n$

5　$S_n = 1 + 2 + 2^2 + \cdots\cdots + 2^{n-1}$ について，$S_n > 10^6$ を満たす最小の自然数 n を求めよ。ただし，$\log_{10} 2 = 0.3010$ とする。

6　$a_1 = 1$, $a_2 = 1$, $a_{n+2} - a_{n+1} - 2a_n = 0$ $(n = 1,\ 2,\ 3,\ \cdots\cdots)$ で定められる数列 $\{a_n\}$ について，次の問いに答えよ。
　(1)　$a_{n+2} - \alpha a_{n+1} = \beta(a_{n+1} - \alpha a_n)$ となる実数の組 $(\alpha,\ \beta)$ をすべて求めよ。
　(2)　$\{a_n\}$ の一般項を求めよ。

7　直線 $y = -x + n$（n は正の整数）を l とする。x 軸，y 軸および l で囲まれた領域内にある，x 座標も y 座標も整数である点の個数を S_n とする（ただし，x 軸，y 軸，直線 l 上の点を含めない）。次の各問いに答えよ。
　(1)　S_5 を求めよ。　　　(2)　S_n を求めよ。

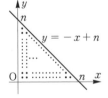

8　数列 $\{a_n\}$ について，$\displaystyle\lim_{n\to\infty}\dfrac{a_n+5}{3a_n-2}=1$ であるとき，$\displaystyle\lim_{n\to\infty}a_n$ を求めよ。

9　自然数 n に対して $2^n>\dfrac{n(n-1)}{2}$ が成り立つことを示し，これを用いて，
$\displaystyle\lim_{n\to\infty}\dfrac{n}{2^n}=0$ を証明せよ。

10　$\displaystyle\lim_{n\to\infty}\dfrac{n}{3^n}=0$ を用いて，次の無限級数の和を求めよ。
$$\frac{1}{3}+\frac{2}{9}+\frac{3}{27}+\cdots\cdots+\frac{n}{3^n}+\cdots\cdots$$

11　$a_1=3,\ a_{n+1}=\dfrac{1}{2}\left(a_n+\dfrac{3}{a_n}\right)$ $(n=1,\ 2,\ 3,\ \cdots\cdots)$ で定義される数列 $\{a_n\}$ について，次のことを示せ。
(1)　$n=1,\ 2,\ 3,\ \cdots\cdots$ に対して，$a_n>\sqrt{3}$ が成り立つ。
(2)　$n=1,\ 2,\ 3,\ \cdots\cdots$ に対して，$a_{n+1}-\sqrt{3}<\dfrac{1}{2}(a_n-\sqrt{3})$ が成り立つ。
(3)　$\displaystyle\lim_{n\to\infty}a_n=\sqrt{3}$

12　$1,\ 2,\ 2,\ 3,\ 3,\ 3,\ 4,\ 4,\ 4,\ 4,\ \cdots\cdots$ は k が k 個 $(k=1,\ 2,\ 3,\ \cdots\cdots)$ 続く数列である。この数列の第 n 項を a_n と表す。例えば $a_n=3$ となるのは $4\leqq n\leqq 6$ である。次の問いに答えよ。
(1)　$a_n=5$ となる n の値の範囲を求めよ。
(2)　$a_n=k$ となる n の値の範囲を k を用いて表せ。
(3)　$\displaystyle\lim_{n\to\infty}\dfrac{a_n}{\sqrt{n}}$ を求めよ。

13　平面上で，点 P は原点 O を出発して x 軸の正の方向に 1 だけ進む。次に，y 軸の正の方向に $\dfrac{1}{2}$ 進み，次に x 軸の正の方向に $\dfrac{1}{2^2}$ 進み，次に y 軸の正方向に $\dfrac{1}{2^3}$ 進む。このような運動を限りなく続けるとき，点 P が近づく点の座標を求めよ。

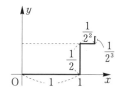

1 | 関数の極限

◆◆◆要点◆◆◆

▶関数の極限の性質

$\displaystyle\lim_{x \to a} f(x) = \alpha, \ \lim_{x \to a} g(x) = \beta$ のとき

・$\displaystyle\lim_{x \to a} kf(x) = k\alpha$ （k は定数）

・$\displaystyle\lim_{x \to a}\{f(x) + g(x)\} = \alpha + \beta, \ \lim_{x \to a}\{f(x) - g(x)\} = \alpha - \beta$

・$\displaystyle\lim_{x \to a} f(x) g(x) = \alpha\beta, \ \lim_{x \to a}\frac{f(x)}{g(x)} = \frac{\alpha}{\beta}$

・$f(x) \leqq h(x) \leqq g(x)$ かつ $\alpha = \beta$ ならば $\displaystyle\lim_{x \to a} h(x) = \alpha$

▶片側極限

・左側極限 $\displaystyle\lim_{x \to a-0} f(x) = \alpha$，右側極限 $\displaystyle\lim_{x \to a+0} f(x) = \beta$

・$\displaystyle\lim_{x \to a+0} f(x) = \lim_{x \to a-0} f(x) = \alpha$ のとき $\displaystyle\lim_{x \to a} f(x) = \alpha$

▶関数の極限

・指数関数，対数関数

$a > 1$ のとき

$\displaystyle\lim_{x \to \infty} a^x = \infty, \ \lim_{x \to -\infty} a^x = 0, \ \lim_{x \to \infty} \log_a x = \infty, \ \lim_{x \to +0} \log_a x = -\infty$

$0 < a < 1$ のとき

$\displaystyle\lim_{x \to \infty} a^x = 0, \ \lim_{x \to -\infty} a^x = \infty, \ \lim_{x \to \infty} \log_a x = -\infty, \ \lim_{x \to +0} \log_a x = \infty$

・三角関数

$$\lim_{x \to 0}\frac{\sin x}{x} = 1$$

▶関数の連続

関数 $f(x)$ が $x = a$ において連続 $\iff$ $\displaystyle\lim_{x \to a} f(x) = f(a)$

▶中間値の定理

関数 $f(x)$ が区間 $[a, \ b]$ で連続で，$f(a) \neq f(b)$ のとき，$f(a)$ と $f(b)$ の間の任意の k の値に対して

$f(c) = k, \ a < c < b$

となる c が少なくとも 1 つ存在する。

A

60 次の極限値を求めよ。 (慶 p.44 練習 1)

(1) $\displaystyle \lim_{x \to 2} (2x^2 - 3x - 4)$ (2) $\displaystyle \lim_{x \to -1} (x^3 - 2x + 2)$

(3) $\displaystyle \lim_{x \to 1} \sqrt{3x - 1}$ (4) $\displaystyle \lim_{x \to -2} \sqrt{2 - x}$

61 次の極限値を求めよ。 (慶 p.45 練習 2)

(1) $\displaystyle \lim_{x \to 0} \frac{x^2 + 2x}{2x}$ *(2) $\displaystyle \lim_{x \to 3} \frac{x^2 - 9}{x - 3}$ (3) $\displaystyle \lim_{x \to -2} \frac{x^2 - x - 6}{x + 2}$

* **62** 次の極限値を求めよ。 (慶 p.46 練習 3)

(1) $\displaystyle \lim_{x \to 1} \frac{x^2 + x - 2}{x^2 - x}$ (2) $\displaystyle \lim_{x \to -1} \frac{x^3 + 1}{x + 1}$ (3) $\displaystyle \lim_{x \to 2} \frac{x^3 - 3x^2 + 4}{x^2 - 4x + 4}$

63 次の極限値を求めよ。 (慶 p.46 練習 3)

(1) $\displaystyle \lim_{x \to 0} \frac{1}{x}\left(1 - \frac{1}{x + 1}\right)$ *(2) $\displaystyle \lim_{x \to 0} \frac{1}{x}\left(2 + \frac{4}{x - 2}\right)$

* **64** 次の極限値を求めよ。 (慶 p.46 練習 4)

(1) $\displaystyle \lim_{x \to 2} \frac{\sqrt{x - 1} - 1}{x - 2}$ (2) $\displaystyle \lim_{x \to -2} \frac{\sqrt{x + 11} - 3}{x + 2}$

(3) $\displaystyle \lim_{x \to 1} \frac{2\sqrt{x} - \sqrt{3x + 1}}{x - 1}$ (4) $\displaystyle \lim_{x \to 3} \frac{\sqrt{3x} - \sqrt{2x + 3}}{x - 3}$

65 次の等式が成り立つように，定数 a, b の値を定めよ。 (慶 p.47 練習 5)

(1) $\displaystyle \lim_{x \to 1} \frac{x^2 + ax + b}{x - 1} = 4$ *(2) $\displaystyle \lim_{x \to 2} \frac{x^2 + ax + b}{x - 2} = -1$

*(3) $\displaystyle \lim_{x \to -2} \frac{a\sqrt{x + 3} + b}{x + 2} = 1$ (4) $\displaystyle \lim_{x \to 1} \frac{a\sqrt{x + 3} + b}{x - 1} = 1$

66 次の極限を調べよ。 (慶 p.48 練習 6)

(1) $\displaystyle \lim_{x \to -3} \frac{1}{(x + 3)^2}$ (2) $\displaystyle \lim_{x \to 1}\left(1 - \frac{1}{(x - 1)^2}\right)$ (3) $\displaystyle \lim_{x \to 0} \frac{x^2 + 1}{x^2}$

67 次の極限を調べよ。 (慶 p.50 練習 7)

(1) $\displaystyle \lim_{x \to 1 - 0} \frac{|x - 1|}{x - 1}$ (2) $\displaystyle \lim_{x \to 1 + 0} \frac{|1 - x|}{x - 1}$ (3) $\displaystyle \lim_{x \to -0} \frac{\sqrt{x^2}}{x}$

68 次の極限を調べよ。 (敎 p.51 練習 8)

(1) $\displaystyle\lim_{x\to\infty}\frac{1}{x-1}$　　　*(2) $\displaystyle\lim_{x\to-\infty}\frac{1}{x^2-1}$　　　(3) $\displaystyle\lim_{x\to\infty}\left(1-\frac{1}{x^3}\right)$

(4) $\displaystyle\lim_{x\to\infty}(x^3-x)$　　　*(5) $\displaystyle\lim_{x\to-\infty}(x^3-x^2-x)$　　　(6) $\displaystyle\lim_{x\to-\infty}\left(x^2-\frac{1}{x}\right)$

* **69** 次の極限を調べよ。 (敎 p.51 練習 9)

(1) $\displaystyle\lim_{x\to\infty}\frac{1-x^2}{1+x^2}$　　　(2) $\displaystyle\lim_{x\to-\infty}\frac{8x^3+1}{x^3+x+1}$　　　(3) $\displaystyle\lim_{x\to\infty}\frac{x^3-1}{x^2+1}$

70 次の極限を調べよ。 (敎 p.52 練習 10)

(1) $\displaystyle\lim_{x\to\infty}\left(\frac{1}{3}\right)^x$　　　(2) $\displaystyle\lim_{x\to\infty}5^{-x}$　　　(3) $\displaystyle\lim_{x\to\infty}\left(\frac{1}{2}\right)^{\frac{1}{x}}$

(4) $\displaystyle\lim_{x\to-\infty}\frac{1}{2^x}$　　　(5) $\displaystyle\lim_{x\to+0}\frac{1}{1+2^{\frac{1}{x}}}$

71 次の極限を調べよ。 (敎 p.52 練習 10)

(1) $\displaystyle\lim_{x\to\infty}\log_{\frac{1}{2}}x$　　　(2) $\displaystyle\lim_{x\to+0}\log_2\frac{1}{x}$　　　(3) $\displaystyle\lim_{x\to+0}\frac{1}{\log_{\frac{1}{2}}x}$

72 次の極限を調べよ。 (敎 p.53 練習 11)

(1) $\displaystyle\lim_{x\to\frac{\pi}{2}}\frac{\sin x}{\cos 2x}$　　　(2) $\displaystyle\lim_{x\to-\infty}\cos\frac{1}{x}$　　　(3) $\displaystyle\lim_{x\to\frac{\pi}{2}}\frac{1}{\tan x}$

73 次の極限値を求めよ。 (敎 p.54 練習 12)

(1) $\displaystyle\lim_{x\to0}x\sin\frac{1}{x}$　　　(2) $\displaystyle\lim_{x\to\infty}\frac{1+\cos x}{x}$

74 次の極限値を求めよ。 (敎 p.55 練習 13, p.56 練習 14)

(1) $\displaystyle\lim_{x\to0}\frac{\sin 2x}{3x}$　　　(2) $\displaystyle\lim_{x\to0}\frac{\sin(-2x)}{-x}$

(3) $\displaystyle\lim_{x\to0}\frac{\tan x}{2x}$　　　(4) $\displaystyle\lim_{x\to0}\frac{1-\cos 2x}{x\sin x}$

(5) $\displaystyle\lim_{x\to0}\frac{\tan 2x-\sin x}{x}$　　　(6) $\displaystyle\lim_{x\to0}\frac{x\tan x}{1-\cos x}$

75 次の極限値を求めよ。 (敎 p.56 練習 15)

(1) $\displaystyle\lim_{x\to1}\frac{\sin\pi x}{x-1}$　　　(2) $\displaystyle\lim_{x\to\frac{\pi}{2}}\left(x-\frac{\pi}{2}\right)\tan x$

76 次の関数 $f(x)$ が $x = 0$ において連続であるかどうか調べよ。

(数 p.57 練習 16)

(1) $f(x) = \begin{cases} \dfrac{x^2 + x}{x} & (x \neq 0) \\ 1 & (x = 0) \end{cases}$ (2) $f(x) = \begin{cases} \dfrac{\sin x}{|x|} & (x \neq 0) \\ 1 & (x = 0) \end{cases}$

77 次の関数 $f(x)$ が連続である区間をいえ。 (数 p.58 練習 17)

(1) $f(x) = \dfrac{x - 1}{x^2 + 1}$ (2) $f(x) = \dfrac{1}{\cos x}$ (3) $f(x) = x + [x]$ (注)

78 次の方程式は（ ）内の範囲に少なくとも 1 つの実数解をもつことを示せ。

(数 p.60 練習 19)

(1) $x^3 - 3x^2 + 3 = 0$ $(0 < x < 3)$

(2) $2^x - 2^{-x} - 1 = 0$ $(-1 < x < 1)$

(3) $\log_2 x + 2x - 3 = 0$ $(1 < x < 3)$

(4) $2x - \sin x - 2 = 0$ $\left(0 < x < \dfrac{\pi}{2}\right)$

◆─◆─◆─◆─◆─◆─◆─◆─◆─◆─◆─◆─◆─◆─◆ **B** ◆─◆─◆─◆─◆─◆─◆─◆─◆─◆─◆─◆─◆─◆─◆

79 次の極限値を求めよ。

(1) $\displaystyle\lim_{x \to 0} \dfrac{1}{1 + 2^{\frac{1}{x}}}$ (2) $\displaystyle\lim_{x \to \infty} \dfrac{2^{-x}}{2^x + 2^{-x}}$ (3) $\displaystyle\lim_{x \to -\infty} \dfrac{4^x}{4^x + 5^x}$

(4) $\displaystyle\lim_{x \to \infty} \{\log_2 (2x + 3) - 2\log_2 (x + 1)\}$

(5) $\displaystyle\lim_{x \to \infty} \{\log_2 \sqrt{x} + \log_2 (\sqrt{2x + 1} - \sqrt{2x - 1})\}$

80 次の極限値を求めよ。

(1) $\displaystyle\lim_{x \to 0} \dfrac{\sin(\sin x)}{\sin x}$ (2) $\displaystyle\lim_{x \to 0} \dfrac{\tan x^\circ}{x}$ (3) $\displaystyle\lim_{x \to 0} \dfrac{\sin x^2}{1 - \cos x}$

81 次の極限値を求めよ。

(1) $\displaystyle\lim_{x \to 2} \dfrac{\sqrt{x + 2} - 2}{x - \sqrt{3x - 2}}$ (2) $\displaystyle\lim_{x \to -\infty} (3x + \sqrt{9x^2 - 4x})$

(3) $\displaystyle\lim_{x \to \infty} (5^x + 3^x)^{\frac{1}{x}}$ (4) $\displaystyle\lim_{x \to -0} \dfrac{\sqrt{1 - \cos x}}{x}$

(5) $\displaystyle\lim_{x \to 0} \dfrac{\cos 3x - \cos 5x}{x^2}$ (6) $\displaystyle\lim_{x \to \infty} \dfrac{[3 \cdot 5^x]}{5^x}$

(注) $[x]$ は，x を超えない最大の整数を表す。

82 次の等式が成り立つように，定数 a, b の値を定めよ。

$$\lim_{x \to \frac{\pi}{2}} \frac{ax+b}{\cos x} = 4$$

83 次の 2 つの条件を満たす整式 $f(x)$ を求めよ。

(i) $\displaystyle \lim_{x \to \infty} \frac{f(x)}{x^2+1} = 3$ (ii) $\displaystyle \lim_{x \to 1} \frac{f(x)}{x^2-1} = 2$

 例題 1

次の関数のグラフをかき，その連続性を調べよ。
$$y = \lim_{n \to \infty} \frac{1+x}{1+x^n}$$

【考え方】 $|x| > 1$, $|x| < 1$, $x = 1$, $x = -1$ に場合分けして，関数の極限を考える。

【解】(i) $|x| > 1$ すなわち $x < -1$, $1 < x$ のとき，

$$y = \lim_{n \to \infty} \frac{\dfrac{1}{x^n} + \dfrac{1}{x^{n-1}}}{\dfrac{1}{x^n} + 1} = 0 \quad \left(\lim_{n \to \infty} \frac{1}{x^n} = 0 \text{ より} \right)$$

(ii) $|x| < 1$ すなわち $-1 < x < 1$ のとき

$$y = \lim_{n \to \infty} \frac{1+x}{1+x^n} = 1+x \quad \left(\lim_{n \to \infty} x^n = 0 \text{ より} \right)$$

(iii) $x = 1$ のとき

$$y = \frac{1+1}{1+1} = 1$$

(iv) $x = -1$ のとき

$1 + x^n$ は 0 または 2 となるから y は存在
しない。

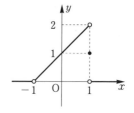

よって，グラフは右の図のようになる。

また，$x = \pm 1$ で不連続となり，それ以外は連続である。

---

84 次の関数のグラフをかき，その連続性を調べよ。

(1) $y = \displaystyle \lim_{n \to \infty} \frac{1 - x^{n-1}}{1 + x^n}$ (2) $y = \displaystyle \lim_{n \to \infty} \frac{x^{2n+1}}{1 + x^{2n}}$

85 関数 $f(x) = \displaystyle \lim_{n \to \infty} \frac{x^{n+1} + ax^n + 3x + 2a}{1 + x^n}$ が $x = 1$ で連続であるように
定数 a の値を定めよ。

◀ 発展問題 ▶

例題 2

右図のように，長さ 2 の線分 AB を直径とする
円がある。円の中心を O とし，点 A から出た
光線が，弧 AB 上の点 P で反射して，直径 AB
上の点 Q に到達する。次の問いに答えよ。

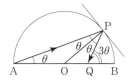

(1) ∠PAB $= \theta$ とするとき，線分 OQ の長さ
を θ の関数として表せ。

(2) P が B に近づくとき，Q はどんな点に近づいていくか。

考え方 △OPQ に正弦定理を適用し，$\lim\limits_{\theta \to 0} \dfrac{\sin\theta}{\theta} = 1$ の極限値に帰着させる。

解 (1) ∠PAO $=$ ∠APO $=$ ∠OPQ $= \theta$

∠POQ $= 2\theta$ だから ∠OQP $= \pi - 3\theta$

△OPQ に正弦定理を適用すると，

$$\frac{OQ}{\sin\theta} = \frac{OP}{\sin(\pi - 3\theta)} \quad OP = 1 \text{ より，} \quad OQ = \frac{\sin\theta}{\sin 3\theta}$$

(2) P が B に近づくとき，$\theta \to +0$ だから

$$\lim_{\theta \to +0} \frac{\sin\theta}{\sin 3\theta} = \lim_{\theta \to +0} \frac{1}{3} \cdot \frac{\sin\theta}{\theta} \cdot \frac{3\theta}{\sin 3\theta} = \frac{1}{3}$$

よって，θ は $OQ = \dfrac{1}{3}$ となる点に近づく。

86 右図のように，座標平面上に定点 A$(3,\ 0)$ がある。
点 P は第 1 象限にあり，

$$\angle POA = \theta, \quad \angle PAO = 2\theta$$

の関係を保ちながら動く。次の問いに答えよ。

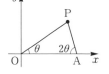

(1) OP の長さと，P の座標を θ の関数として表せ。

(2) θ が限りなく 0 に近づくとき，点 P はどんな点に近づくか。

87 半径 r の円に内接する正 n 角形 $A_1A_2A_3\cdots\cdots A_n$ に
ついて，次の問いに答えよ。

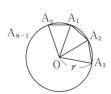

(1) △OA$_1$A$_2$ の面積を求めよ。

(2) 正 n 角形の面積を S_n とするとき，

$$\lim_{n \to \infty} S_n$$

を求めよ。

2 | 導関数

◆◆◆要点◆◆◆

▶微分係数と導関数

・微分係数 $\quad f'(a) = \lim_{h \to 0} \dfrac{f(a+h) - f(a)}{h} = \lim_{x \to a} \dfrac{f(x) - f(a)}{x - a}$

・導関数 $\quad f'(x) = \lim_{h \to 0} \dfrac{f(x+h) - f(x)}{h}$

▶微分法の公式

・$\{f(x)g(x)\}' = f'(x)g(x) + f(x)g'(x) \quad$ (積の微分法)

・$\left\{\dfrac{f(x)}{g(x)}\right\}' = \dfrac{f'(x)g(x) - f(x)g'(x)}{\{g(x)\}^2} \quad$ (商の微分法)

　特に $\left\{\dfrac{1}{g(x)}\right\}' = -\dfrac{g'(x)}{\{g(x)\}^2}$

　いろいろな微分法

・$\{f(g(x))\}' = f'(g(x))g'(x) \quad$ (合成関数の微分法)

・$\dfrac{dy}{dx} = \dfrac{1}{\dfrac{dx}{dy}} \quad \left(\dfrac{dy}{dx} \neq 0\right) \quad$ (逆関数の微分法)

▶基本的関数の導関数

・x^α の導関数

　$(x^\alpha)' = \alpha x^{\alpha - 1} \quad$ (α は実数)

・三角関数の導関数

　$(\sin x)' = \cos x, \quad (\cos x)' = -\sin x, \quad (\tan x)' = \dfrac{1}{\cos^2 x}$

・逆三角関数

　$(\mathrm{Sin}^{-1} x)' = \dfrac{1}{\sqrt{1 - x^2}}, \quad (\mathrm{Cos}^{-1} x)' = -\dfrac{1}{\sqrt{1 - x^2}}, \quad (\mathrm{Tan}^{-1} x)' = \dfrac{1}{1 + x^2}$

・指数関数の導関数

　$(e^x)' = e^x, \quad (a^x)' = a^x \log a$

・対数関数の導関数

　$(\log x)' = \dfrac{1}{x}, \quad (\log_a x)' = \dfrac{1}{x \log a}, \quad (\log|x|)' = \dfrac{1}{x},$

　$(\log|f(x)|)' = \dfrac{f'(x)}{f(x)}$

A

* **88** 次の関数について，$x = -1$ における微分係数を求めよ。 （教 p.64 練習2）

    (1) $f(x) = x^2 - x$ (2) $f(x) = 2x^2 - 1$ (3) $f(x) = x^3 - 1$

89 関数 $f(x) = \begin{cases} x^2 & (x < 1) \\ 2x - 1 & (x \geq 1) \end{cases}$ は $x = 1$ で微分可能であるかどうか調

    べよ。 （教 p.65 練習3）

90 次の関数の導関数を，定義に従って求めよ。 （教 p.67 練習4）

    (1) $f(x) = 2x + 1$ (2) $f(x) = x^2 + x$ *(3) $f(x) = x^3 - x$

* **91** 次の関数を微分せよ。 （教 p.68 練習5）

    (1) $y = 3x^2 - 5x + 1$ (2) $y = -x^3 + 2x^2 + x$

    (3) $y = -2x^3 - x^2 + 5x - 4$ (4) $y = \dfrac{1}{6}x^3 - \dfrac{1}{4}x^2 - x$

    (5) $y = -\dfrac{2}{3}x^3 + \dfrac{5}{2}x^2 + \dfrac{1}{5}$ (6) $y = x^4 - 5x^2 + \dfrac{2}{3}x$

92 関数 $f(x) = x^3 - x^2 + x + 1$ の導関数 $f'(x)$ を求めよ。また，$x = 1,\ 0,$

    -2 における微分係数をそれぞれ求めよ。 （教 p.68 練習5）

* **93** 積の微分法により，次の関数を微分せよ。 （教 p.69 練習6）

    (1) $y = (x - 1)(2x + 6)$ (2) $y = (3x + 2)(x^2 - 2x - 1)$

    (3) $y = (x^2 + 3)(x^3 - 2)$ (4) $y = (x + 1)(2x + 1)(3x - 1)$

* **94** 商の微分法により，次の関数を微分せよ。 （教 p.71 練習7）

    (1) $y = \dfrac{1}{4x - 1}$ (2) $y = \dfrac{2x - 1}{x + 1}$ (3) $y = \dfrac{x + 1}{x^2 + 2}$

* **95** 次の関数を微分せよ。 （教 p.71 練習8）

    (1) $y = \dfrac{1}{x^4}$ (2) $y = \dfrac{2}{x^2}$ (3) $y = -\dfrac{1}{2x^6}$

* **96** 合成関数の微分法により，次の関数を微分せよ。 （教 p.73 練習9）

    (1) $y = (5x + 4)^2$ (2) $y = (4x - 1)^3$ (3) $y = (2x^2 + 1)^4$

    (4) $y = (3x^2 - x + 1)^3$ (5) $y = \dfrac{1}{(x - 1)^2}$ (6) $y = \dfrac{1}{(x^2 + 3)^4}$

* **97** 次の関数を微分せよ。 (國 p.74 練習 11)

(1) $y = \sqrt{x^3}$ (2) $y = \sqrt{x^2 + 1}$ (3) $y = \sqrt[3]{3x^2 + 1}$

98 逆関数の微分法により，次の関数を微分せよ。 (國 p.75 練習 12)

(1) $y = \sqrt{x + 1}$ (2) $y = \dfrac{3}{\sqrt[3]{x}}$

* **99** 次の関数を微分せよ。 (國 p.77 練習 13)

(1) $y = \cos 2x$ (2) $y = \sin(1 - x)$ (3) $y = \tan 3x$

(4) $y = \sin^2 x$ (5) $y = \cos^3 x$ (6) $y = \tan^2 x$

(7) $y = \dfrac{1}{\sin x}$ (8) $y = \dfrac{1}{\cos x}$ (9) $y = \dfrac{\cos x}{x}$

***100** 次の関数を微分せよ。 (國 p.79 練習 15)

(1) $y = \mathrm{Sin}^{-1} 2x$ (2) $y = \mathrm{Cos}^{-1} 3x$ (3) $y = \mathrm{Tan}^{-1} 2x$

(4) $y = \mathrm{Sin}^{-1} \dfrac{x}{3}$ (5) $y = \mathrm{Tan}^{-1} \dfrac{x}{2}$ (6) $y = \mathrm{Tan}^{-1} \sqrt{x}$

***101** 次の関数を微分せよ。 (國 p.81 練習 16)

(1) $y = \log 2x$ (2) $y = \log(3x + 1)$ (3) $y = \log_3 x$

(4) $y = x^3 \log x$ (5) $y = x \log_2 x$ (6) $y = \dfrac{\log x}{x}$

***102** 次の関数を微分せよ。 (國 p.82 練習 17)

(1) $y = \log|2x - 1|$ (2) $y = \log|x^2 - x|$ (3) $y = \log|\cos x|$

103 対数微分法により，$y = \dfrac{(x-2)^3}{(x-1)^2}$ の導関数を求めよ。 (國 p.82 練習 18)

***104** 次の関数を微分せよ。 (國 p.83 練習 20)

(1) $y = e^{3x+1}$ (2) $y = xe^x$ (3) $y = 2^{1-x}$

***105** 次の関数を微分せよ。 (國 p.83 練習 21)

(1) $y = e^x \cos x$ (2) $y = \dfrac{e^x}{x + 1}$ (3) $y = e^{-x^2}$

***106** 次の関数の第2次導関数を求めよ。 (國 p.84 練習 22)

(1) $y = 2x^3 - 3x^2 + 4x$ (2) $y = \mathrm{Tan}^{-1} x$ (3) $y = x \sin x$

107 次の関数の第3次導関数を求めよ。 (教 p.84 練習 23)

(1) $y = x^5 + 2x^4 - 3x^3$ (2) $y = \sin 2x$ (3) $y = \sqrt{x^3}$

*108 次の関数の第 n 次導関数を求めよ。 (教 p.85 練習 24)

(1) $y = e^{-x}$ (2) $y = xe^{2x}$ (3) $y = \dfrac{1}{x-1}$

109 $y = xe^{-x}$ は，等式 $y'' + 2y' + y = 0$ を満たすことを示せ。

(教 p.85 練習 25)

◇━◆━◆━◆━◆━◆━◆━◆━◆━◆━◆━◆━◆━◆━◆━◆ **B** ◆━◆━◆━◆━◆━◆━◆━◆━◆━◆━◆━◆━◆━◆━◆━◇

110 次の関数の導関数を，定義に従って求めよ。

(1) $y = \dfrac{1}{x}$ (2) $y = \cos x$

例題 3

方程式 $x^2 - xy + y^2 = 1$ について，両辺を x で微分することにより $\dfrac{dy}{dx}$ を x と y の式で表せ。

考え方 $y = f(x)$ の式に直さずに x で微分するとき，y は x の関数だから合成関数の微分法を用いる。

解 $x^2 - xy + y^2 = 1$ の両辺を x で微分すると

$2x - \left(1 \cdot y + x \cdot \dfrac{dy}{dx}\right) + 2y \cdot \dfrac{dy}{dx} = 0$ ←── y は x の関数だから

$\qquad\qquad (xy)' = x'y + xy' = y + x \cdot \dfrac{dy}{dx}$

$(2y - x)\dfrac{dy}{dx} = y - 2x$ $\qquad (y^2)' = 2y \cdot y' = 2y \cdot \dfrac{dy}{dx}$

よって，$\dfrac{dy}{dx} = \dfrac{2x - y}{x - 2y}$

---

111 次の方程式の両辺を x で微分することにより，$\dfrac{dy}{dx}$ を x と y の式で表せ。

(1) $x^2 + y^2 = 1$ (2) $x^2 + xy + 2y^2 = 1$ (3) $x^{\frac{1}{3}} + y^{\frac{1}{3}} = 1$

*112 次の関数を微分せよ。

(1) $y = x^3(x^2 + 1)^3$ (2) $y = (x^4 + 2x^2 + 3)^2$

(3) $y = \dfrac{2x + 1}{1 - x}$ (4) $y = \dfrac{x - 1}{\sqrt{x + 1}}$

(5) $y = \sqrt{1 - x^2}$ (6) $y = (2x^2 + 1)^{\frac{3}{4}}$

113 対数微分法により，次の関数の導関数を求めよ。

(1) $y = \sqrt[3]{\dfrac{x-1}{x+1}}$

(2) $y = x^{\frac{1}{x}}$ $(x > 0)$

***114** 次の関数を微分せよ。

(1) $y = \sin x \cos^2 x$

(2) $y = \log\left(x + \dfrac{1}{x}\right)$

(3) $y = \dfrac{\sin x - \cos x}{\sin x + \cos x}$

(4) $y = e^{\sin x}$

(5) $y = e^{2x}\sin^2 x$

(6) $y = \log\left|\dfrac{1 - \cos x}{1 + \cos x}\right|$

115 次の関数を微分せよ。

(1) $y = \dfrac{1}{2}(x\sqrt{x^2+1} + \log|x + \sqrt{x^2+1}\,|)$

(2) $y = \dfrac{1}{2}(x\sqrt{1-x^2} + \mathrm{Sin}^{-1}x)$

116 n を自然数とする。数学的帰納法を用いて，次を証明せよ。

(1) 関数 $y = \cos x$ について，
$$y^{(n)} = \cos\left(x + \dfrac{n\pi}{2}\right)$$

(2) 関数 $y = \sin(2x + 1)$ について，
$$y^{(n)} = 2^n \sin\left(2x + 1 + \dfrac{n\pi}{2}\right)$$

◆ 発展問題 ◆

117 次で定義される関数 $\sinh x$, $\cosh x$, $\tanh x$ をそれぞれ，ハイパボリックサイン，ハイパボリックコサイン，ハイパボリックタンジェントといい，まとめて双曲線関数という。

$$\sinh x = \dfrac{e^x - e^{-x}}{2}, \quad \cosh x = \dfrac{e^x + e^{-x}}{2}, \quad \tanh x = \dfrac{\sinh x}{\cosh x}$$

双曲線関数について，次の式を証明せよ。

(1) $(\sinh x)' = \cosh x$

(2) $(\cosh x)' = \sinh x$

(3) $\cosh^2 x - \sinh^2 x = 1$

(4) $(\tanh x)' = \dfrac{1}{\cosh^2 x}$

3 導関数の応用

◆◆◆要点◆◆◆

▶接線の方程式

- 曲線 $y = f(x)$ 上の点 $(a,\ f(a))$ における接線の方程式
$$y - f(a) = f'(a)(x - a)$$

▶平均値の定理

- 関数 $f(x)$ が閉区間 $[a,\ b]$ で連続で開区間 $(a,\ b)$ で微分可能ならば

$$\frac{f(b) - f(a)}{b - a} = f'(c) \quad (a < c < b)$$

を満たす実数 c が存在する。

▶関数 $f(x)$ の増減と極値

- $f(x)$ の値は，$f'(x) > 0$ となる区間で増加
- $f(x)$ の値は，$f'(x) < 0$ となる区間で減少
- $f'(a) = 0$ であり，$x = a$ の前後で $f'(x)$ の符号が

　　　正から負に変わるとき，$x = a$ で極大で極大値 $f(a)$

　　　負から正に変わるとき，$x = a$ で極小で極小値 $f(a)$

▶関数 $y = f(x)$ のグラフの凹凸と変曲点

- $f''(x) > 0$ となる区間では，下に凸
- $f''(x) < 0$ となる区間では，上に凸
- $x = a$ の前後で $f''(x)$ の符号が変わる $\iff$ 点 $(a,\ f(a))$ は変曲点

▶1次の近似式

- $h \fallingdotseq 0$ のとき　$f(a + h) \fallingdotseq f(a) + hf'(a)$
- $x \fallingdotseq 0$ のとき　$f(x) \fallingdotseq f(0) + xf'(0)$

▶速度・加速度

点 P の x 座標が $x = f(t)$ のとき

- 速度 $v = \dfrac{dx}{dt} = f'(t)$, 加速度 $\alpha = \dfrac{dv}{dt} = \dfrac{d^2x}{dt^2} = f''(t)$

▶漸近線の方程式

- $\displaystyle \lim_{x \to a \pm 0} f(x) = \pm \infty$ のとき漸近線は $x = a$,

  $\displaystyle \lim_{x \to \pm \infty} f(x) = b$ のとき漸近線は $y = b$

- $\displaystyle \lim_{x \to \pm \infty} \frac{f(x)}{x} = m$, $\displaystyle \lim_{x \to \pm \infty} \{f(x) - mx\} = n$ のとき $y = mx + n$

A

118 次の曲線上の与えられた点における接線の方程式を求めよ。

(教 p.89 練習 1)

*(1) $y = x^3 - 2x$ $(1, -1)$ (2) $y = -x^4 + 3x^2 + 2$ $(-1, 4)$

*(3) $y = x + \dfrac{1}{x-1}$ $(2, 3)$ (4) $y = \sqrt{x^2 - 3}$ $(2, 1)$

*(5) $y = \sin x$ $\left(\dfrac{\pi}{3}, \dfrac{\sqrt{3}}{2}\right)$ (6) $y = \tan\dfrac{x}{2}$ $\left(\dfrac{\pi}{2}, 1\right)$

*(7) $y = e\log x$ (e, e) (8) $y = e^{2x}$ $(1, e^2)$

119 次の関数 $f(x)$ と示された区間において，平均値の定理の式を満たす c の
値を求めよ。 (教 p.90 練習 2)

(1) $f(x) = x^2 - 3x$ $[1, 3]$ (2) $f(x) = \sqrt{x}$ $[1, 4]$

(3) $f(x) = e^x$ $[0, 1]$ (4) $f(x) = \sin x$ $[0, \pi]$

120 $0 < \alpha < \beta < \dfrac{\pi}{2}$ のとき，次の不等式を平均値の定理を用いて証明せよ。

$$\cos\alpha - \cos\beta < \beta - \alpha$$

(教 p.91 練習 3)

121 次の関数の増減を調べ，極値があれば求めよ。 (教 p.93-95 練習 4, 5, 6, 7)

*(1) $f(x) = \dfrac{1}{4}x^4 - 4x^2 + 12$ *(2) $f(x) = \dfrac{x+1}{x^2+3}$

(3) $f(x) = -x + \dfrac{1}{x^3}$ *(4) $f(x) = \dfrac{x}{\sqrt{x-1}}$

(5) $f(x) = x^2 e^{-2x}$ (6) $f(x) = \dfrac{1 + \log x}{x}$

*(7) $f(x) = 3x - 2\cos x$ (8) $f(x) = x + \sqrt{x^2 - 1}$

122 次の関数の（ ）内の区間における最大値，最小値を求めよ。

(教 p.96 練習 8)

(1) $f(x) = x^3 + 3x^2 - 1$ $(-2 \leqq x \leqq 1)$

(2) $f(x) = -2x^3 + 6x$ $(0 \leqq x \leqq 2)$

(3) $f(x) = -\dfrac{1}{4}x^4 + 2x^2 + 3$ $(-3 \leqq x \leqq 3)$

123 次の関数の最大値，最小値を求めよ。 (教 p.97 練習 9)

(1) $f(x) = -x + 4\sqrt{x}$ $(0 \le x \le 9)$　　(2) $f(x) = x\sqrt{2x - x^2}$

(3) $f(x) = (x-1)e^x$ $(-1 \le x \le 1)$

(4) $f(x) = x\log x$ $(0 < x \le 1)$

(5) $f(x) = \log(x^2 + 1) - \log x$ $\left(\dfrac{1}{3} \le x \le 2\right)$

(6) $f(x) = \cos x(1 + \sin x)$ $(0 \le x \le 2\pi)$

124 次の関数の増減，極値，漸近線を調べて，そのグラフをかけ。

(教 p.98 練習 10, p.99 練習 11)

(1) $y = \dfrac{1}{x^2 - 1}$　　(2) $y = \dfrac{x}{x^2 + 1}$　　(3) $y = \dfrac{x}{(x-1)^2}$

125 次の関数の増減，極値，曲線の凹凸，および変曲点を調べて，そのグラフをかけ。ただし，$\displaystyle\lim_{x\to-\infty} xe^x = 0$ を用いてもよい。

(教 p.101 練習 12, p.103 練習 13)

(1) $y = x^3 - 6x^2 + 9x - 1$　　(2) $y = x^4 - 6x^2 - 8x + 10$

(3) $y = \dfrac{x^2 + 3x + 3}{x + 1}$　　(4) $y = (x+1)e^x$

(5) $y = x + \sin x$ $(-2\pi \le x \le 2\pi)$　(6) $y = \log(x^2 + 1)$

126 曲線 $y = \dfrac{1}{x^2}$ $(x > 0)$ 上の点 A における曲線の接線が，x 軸，y 軸と交わる点をそれぞれ P，Q とする。点 A がこの曲線上を動くとき線分 PQ の長さの最小値を求めよ。 (教 p.104 練習 14)

127 $x > 0$ のとき次の不等式を証明せよ。 (教 p.105 練習 15)

(1) $x^3 + x^2 + 8 \ge 4x^2 + 4$　　(2) $1 + x > 2\log(1 + x)$

128 k を定数とするとき，次の方程式の異なる実数解の個数を調べよ。

(1) $x^3 - 3x + 1 - k = 0$ (教 p.106 練習 16)

(2) $2\log x + \dfrac{1}{2}x^2 - 3x + k = 0$

129 次の近似値を，1 次近似式を用いて小数第 3 位まで求めよ。ただし，$\sqrt{3} = 1.7320$，$e = 2.7182$，$\pi = 3.1416$ とする。

(教 p.107 練習 18, p.108 練習 19, 20)

(1) 2.05^3　　*(2) $\dfrac{1}{\sqrt[3]{8.3}}$　　*(3) $\sin 58°$　　(4) $\sqrt{6 + e}$

130 数直線上を運動する点 P の座標 x が，時刻 $t\,(t>0)$ の関数として
$x=t^3-3t^2-9t$ で表されているとき，次の問いに答えよ。

(教 p.109 練習 21)

(1) 時刻 t における点 P の速度と加速度を求めよ。
(2) 点 P が運動の向きを変えるときの t の値を求めよ。

◆-◆-◆-◆-◆-◆-◆-◆-◆-◆-◆-◆-◆-◆-◆-◆-◆ **B** ◆-◆-◆-◆-◆-◆-◆-◆-◆-◆-◆-◆-◆-◆-◆-◆

131 曲線 $y=\log x$ について，次の接線の方程式を求めよ。
(1) 傾きが e である接線　　(2) 原点から引いた接線

*132 2つの曲線 $y=e^x$，$y=\sqrt{x+k}$ はともにある点 P を通り，しかも点 P において共通の接線をもっている。このとき，k の値と接線の方程式を求めよ。

例題 **4** 関数 $f(x)=\dfrac{ax^2+bx+4}{x^2+1}$ が $x=1$ で極大値 7 をとるとき，a, b の値を求めよ。

考え方　$f(x)$ が $x=\alpha$ で極値をとる $\Longrightarrow f'(\alpha)=0$

解　$f(1)=7$ より　$a+b=10$ ……①
$f'(x)=\dfrac{(2ax+b)(x^2+1)-(ax^2+bx+4)\cdot 2x}{(x^2+1)^2}$
$=\dfrac{-bx^2+2(a-4)x+b}{(x^2+1)^2}$
$f'(1)=0$ より　$a-4=0$ ……②
①，②を解いて $a=4$, $b=6$
このとき
$f'(x)=\dfrac{-6(x-1)(x+1)}{(x^2+1)^2}$
より，増減表は右のようになる。

x	$\cdots$	-1	$\cdots$	1	$\cdots$
$f'(x)$	$-$	0	$+$	0	$-$
$f(x)$	$\searrow$	1	$\nearrow$	7	$\searrow$

これより，$x=1$ で極大値 7 をとり，条件を満たす。
よって，$a=4$, $b=6$

*133 a, b を定数とするとき，関数 $f(x)=x^2+ax+b+6\log(1+x)$ が $x=0$ で極大値 3 をとるように，a, b を定めよ。

134 関数 $f(x) = \dfrac{ax+b}{x^2-x+1}$ が $x=2$ で極大値 1 をとるとき,定数 a, b の値を求めよ。また,$f(x)$ の極小値を求めよ。

135 関数 $y = |x|e^x$ (ただし $\lim\limits_{x \to -\infty} xe^x = 0$) の最大値,最小値を求めよ。

136 次の関数の増減,極値,曲線の凹凸および変曲点を調べて,そのグラフをかけ。

(1) $y = 2\sin x - \sin^2 x$ $(0 \le x \le 2\pi)$ 　　　*(2) $y = \dfrac{2}{1+e^x}$

137 $0 < x < \dfrac{\pi}{2}$ のとき,不等式 $\sin x + \tan x > 2x$ が成り立つことを証明せよ。

*138 $x > 0$ のとき,$a\sqrt{x} > \log x$ がつねに成り立つような定数 a の値の範囲を求めよ。

*139 次の問いに答えよ。

(1) 関数 $y = x^2 + \dfrac{2}{x}$ のグラフをかけ。

(2) a を定数とするとき,方程式 $x^3 - ax + 2 = 0$ の異なる実数解の個数を調べよ。

140 AB を直径とする定半円周上の動点 P から AB に平行弦 PQ を引き,台形 PABQ をつくる。円の中心を O とし,$\mathrm{AB} = 2a$,$\angle \mathrm{AOP} = \theta$ とするとき,次の問いに答えよ。

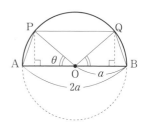

(1) 台形 PABQ の面積 S を θ を用いて表せ。

(2) この台形の面積 S の最大値を求めよ。

141 球状の風船の表面積が毎秒 $4\pi\,\mathrm{cm}^2$ の割合で一様に増加している。風船の半径が $10\,\mathrm{cm}$ になった瞬間での体積の時間に対する変化の割合を求めよ。

=========== ◀ **発展問題** ▶ ===========

142 図のように,円錐状の容器の頂点を下にし,軸を鉛直にしておき,この容器に毎秒 $w\,\mathrm{cm}^3$ の割合で水を注ぐ。水の量が $v\,\mathrm{cm}^3$ になった瞬間における,水面の上昇する速度,および水面の面積の広がる速度を求めよ。

2 章 の問題

1 $\displaystyle\lim_{h \to 0}(1+h)^{\frac{1}{h}} = e$ であることを利用して，次の極限値を求めよ。

(1) $\displaystyle\lim_{h \to 0}(1+3h)^{\frac{1}{h}}$

(2) $\displaystyle\lim_{h \to 0}(1-2h)^{\frac{1}{h}}$

(3) $\displaystyle\lim_{x \to \infty}x\{\log(x+2) - \log x\}$

(4) $\displaystyle\lim_{x \to 0}\frac{e^x - 1}{x}$

2 次の等式が成り立つように，定数 a，b の値を定めよ。

(1) $\displaystyle\lim_{x \to \infty}\{\sqrt{x^2 + ax} - bx - 1\} = 3$

(2) $\displaystyle\lim_{x \to \frac{\pi}{6}}\frac{ax - b}{\sin\left(2x - \dfrac{\pi}{3}\right)} = \frac{1}{2}$

* **3** 関数 $f(x) = \begin{cases} \dfrac{x^3 + 1}{x + 1} & (x \neq -1) \\ a & (x = -1) \end{cases}$ が $x = -1$ で連続になるように，定数 a の値を定めよ。

4 次の関数を微分せよ。

(1) $y = x\sqrt{1 + e^x}$

(2) $y = \log(\log x)$

(3) $y = \log(x + \sqrt{x^2 + 1})$

(4) $y = x^2 \sin\dfrac{1}{x}$

(5) $y = 2^{\sin x}$

(6) $y = \dfrac{\cos x}{\sqrt{x}}$

5 放物線 $y = ax^2$ ……① と曲線 $y = \log x$ ……② が接するように，a の値を定めよ。また，接点と共通接線の方程式を求めよ。

6 次の関数 $f(x)$ の最大値，最小値を求めよ。ただし，$0 \leqq x \leqq \pi$ とする。

(1) $f(x) = x\sin x + \cos x + 1$

(2) $f(x) = \dfrac{\sin x}{2 - \sqrt{3}\cos x}$

7 (1) 関数 $f(x) = \dfrac{\log(x+1)}{x}$ は減少関数であることを示せ。

(2) 実数 a，b は $0 < a < b$ を満たすとする。このとき，次の不等式を証明せよ。
$$(b+1)^a < (a+1)^b$$

8 関数 $y = e^{ax}\sin bx$ について，次の問いに答えよ。

   (1) y'' を求めよ。

   (2) y'' を，x を用いずに，y' と y を用いて表せ。

9 次の関数の極値，凹凸を調べて，そのグラフをかけ。

   (1) $f(x) = (\log x - 1)\log x$

   (2) $f(x) = e^{2x} - 2e^x$

10 関数 $f(x) = (x+c)e^{-x^2}$ は $x = 1$ で極値をとるとする。ここで，c は定数である。次の問いに答えよ。ただし，$\lim\limits_{x \to \infty} xe^{-x^2} = 0$ は用いてよい。

   (1) 定数 c の値を求めよ。

   (2) 関数 $f(x)$ の増減を調べよ。

   (3) x についての方程式 $x + c = ke^{x^2}$ が実数解をもつような実数 k の値の範囲を求めよ。

11 関数 $f(x) = (x+1)\log\dfrac{x+1}{x}$ に対して，次の問いに答えよ。

   (1) $f(x)$ は $x > 0$ で単調減少関数であることを示せ。

   (2) $\lim\limits_{x \to +0} f(x)$ および $\lim\limits_{x \to \infty} f(x)$ を求めよ。

   (3) $f(x) = 2$ を満たす x が $\dfrac{1}{e^2} < x < 1$ の範囲に存在することを示せ。

12 右図のように海上の A 地点にボートに乗った人がいる。この人ができるだけ早く C 地点に到着したいとき，BC 間のどの地点にボートを着けて陸上を歩くのが最も早いか。BP $= x$ として求めよ。ただし，AB 間の距離は 3 km，BC 間の距離は 6 km であり，海上では時速 2 km，陸上では時速 4 km の速さで行くものとする。

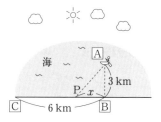

1-1 | 不定積分

◆◆◆要点◆◆◆

▶不定積分

・ x^α の積分

$$\int x^\alpha dx = \frac{1}{\alpha+1} x^{\alpha+1} + C \quad (\alpha \neq -1)$$

$$\int \frac{1}{x} dx = \log|x| + C$$

・三角関数の積分

$$\int \sin x\, dx = -\cos x + C \qquad \int \cos x\, dx = \sin x + C$$

$$\int \frac{1}{\cos^2 x} dx = \tan x + C \qquad \int \frac{1}{\sin^2 x} dx = -\frac{1}{\tan x} + C$$

・指数関数

$$\int e^x dx = e^x + C \qquad \int a^x dx = \frac{a^x}{\log a} + C$$

・ $F'(x) = f(x)$ のとき

$$\int f(ax+b)\, dx = \frac{1}{a} F(ax+b) + C$$

・ $\dfrac{g'(x)}{g(x)}$ の不定積分

$$\int \frac{g'(x)}{g(x)} dx = \log|g(x)| + C$$

▶置換積分法

・ $x = g(t)$ とおくと, $\displaystyle\int f(x)\, dx = \int f(g(t)) g'(t)\, dt$

・ $g(x) = t$ とおくと, $\displaystyle\int f(g(x)) g'(x)\, dx = \int f(t)\, dt$

▶部分積分法

・ $\displaystyle\int f(x) \cdot g'(x)\, dx = f(x) g(x) - \int f'(x) g(x)\, dx$

▶不定積分の性質

・ $\displaystyle\int k f(x)\, dx = k \int f(x)\, dx$ （ただし, k は定数）

・ $\displaystyle\int \{f(x) + g(x)\} dx = \int f(x)\, dx + \int g(x)\, dx$

・ $\displaystyle\int \{f(x) - g(x)\} dx = \int f(x)\, dx - \int g(x)\, dx$

A

143 次の不定積分を求めよ。 (教 p.115 練習 1)

(1) $\displaystyle\int x\,dx$　　　　(2) $\displaystyle\int x^4\,dx$　　　(3) $\displaystyle\int \sqrt{x}\,dx$

(4) $\displaystyle\int t\sqrt[3]{t}\,dt$　　　(5) $\displaystyle\int \frac{1}{x^3}\,dx$　　(6) $\displaystyle\int \frac{1}{\sqrt[3]{x}}\,dx$

*144 次の不定積分を求めよ。 (教 p.116 練習 2)

(1) $\displaystyle\int dx$　　　(2) $\displaystyle\int (-6x+5)\,dx$　　(3) $\displaystyle\int (3x^2-4x+1)\,dx$

(4) $\displaystyle\int x(x+3)\,dx$　　(5) $\displaystyle\int (x-2)(2x-3)\,dx$　(6) $\displaystyle\int (y-2)^2\,dy$

(7) $\displaystyle\int (t+a)(t-a)\,dt$　　　(8) $\displaystyle\int (x+1)^2\,dx-\int (x-1)^2\,dx$

145 次の不定積分を求めよ。 (教 p.116 練習 3)

(1) $\displaystyle\int \frac{x^3+1}{x^2}\,dx$　　(2) $\displaystyle\int \frac{(x+2)^2}{x}\,dx$　　(3) $\displaystyle\int \frac{(x-1)^2}{\sqrt{x}}\,dx$

146 次の不定積分を求めよ。 (教 p.117-118 練習 4, 5)

(1) $\displaystyle\int \left(\sin x+\frac{3}{\cos^2 x}\right)dx$　　　(2) $\displaystyle\int \left(2+\frac{1}{\tan x}\right)\sin x\,dx$

(3) $\displaystyle\int e^{x-1}\,dx$　　(4) $\displaystyle\int (3^x\log 3-1)\,dx$　(5) $\displaystyle\int 5^{1-x}\,dx$

147 次の不定積分を求めよ。 (教 p.118 練習 6)

(1) $\displaystyle\int \sin\frac{1}{3}x\,dx$　　　　(2) $\displaystyle\int \cos \pi x\,dx$

(3) $\displaystyle\int e^{-2x}\,dx$　　　　(4) $\displaystyle\int e^{\frac{x}{2}}\,dx$

148 次の不定積分を求めよ。 (教 p.119-120 練習 7～10)

(1) $\displaystyle\int \frac{1}{3-5x}\,dx$　　　(2) $\displaystyle\int x(2x-1)^3\,dx$

(3) $\displaystyle\int \frac{x}{\sqrt{x-4}}\,dx$　　(4) $\displaystyle\int \frac{x}{(x+2)^2}\,dx$

(5) $\displaystyle\int \sqrt[3]{2x-5}\,dx$　　(6) $\displaystyle\int \frac{dx}{(2+3x)^3}$

149 次の不定積分を求めよ。 (教 p.121 練習 11)

(1) $\displaystyle\int (x^2-4x+1)^2(x-2)\,dx$　　(2) $\displaystyle\int \sin^4\theta\cos\theta\,d\theta$

(3) $\displaystyle\int x\sqrt{x^2+1}\,dx$　　(4) $\displaystyle\int xe^{1-x^2}\,dx$　　(5) $\displaystyle\int \frac{(\log x)^2}{x}\,dx$

150 次の不定積分を求めよ。 (教 p.122 練習 13)

(1) $\displaystyle\int \frac{2x-1}{x^2-x}\,dx$　　(2) $\displaystyle\int \frac{e^x-e^{-x}}{e^x+e^{-x}}\,dx$　　(3) $\displaystyle\int \frac{\cos x}{1+\sin x}\,dx$

151 次の不定積分を求めよ。 (教 p.123 練習 14, p.124 練習 15)

(1) $\displaystyle\int (x+2)\sin x\,dx$　(2) $\displaystyle\int xe^{2x}\,dx$　　(3) $\displaystyle\int x^2\log x\,dx$

152 次の不定積分を求めよ。 (教 p.124 練習 16)

(1) $\displaystyle\int x^2e^x\,dx$　　(2) $\displaystyle\int x^2\cos x\,dx$　　(3) $\displaystyle\int (\log x)^2\,dx$

153 次の不定積分を求めよ。 (教 p.125 練習 17)

(1) $\displaystyle\int \frac{x^2}{x+1}\,dx$　　(2) $\displaystyle\int \frac{1}{x(x-2)}\,dx$　　(3) $\displaystyle\int \frac{3x+5}{x^2+2x-3}\,dx$

154 次の不定積分を求めよ。 (教 p.126 練習 18)

(1) $\displaystyle\int 2\sin^2 x\,dx$　　　　(2) $\displaystyle\int \sin 3x\cos x\,dx$

(3) $\displaystyle\int \cos x\cos 5x\,dx$　　　(4) $\displaystyle\int (1+\cos x)^2\,dx$

155 次の不定積分を求めよ。 (教 p.127 練習 19)

(1) $\displaystyle\int x\sqrt[3]{x+1}\,dx$　　　(2) $\displaystyle\int \frac{1}{e^x-2}\,dx$

(3) $\displaystyle\int (2x-1)e^{x^2-x+3}\,dx$　　(4) $\displaystyle\int \sin^5\theta\,d\theta$

(5) $\displaystyle\int \frac{\cos^3 x}{\sqrt{\sin x}}\,dx$　　　(6) $\displaystyle\int \frac{\log x}{x(\log x+1)}$

◆◆◆◆◆◆◆◆◆◆◆◆◆◆◆◆◆◆◆◆◆◆◆ **B** ◆◆◆◆◆◆◆◆◆◆◆◆◆◆◆◆◆◆◆◆◆◆◆

156 $*$(1) $\displaystyle\int \frac{\cos x}{4-\sin^2 x}\,dx$　$*$(2) $\displaystyle\int \frac{1}{\cos x}\,dx$　　(3) $\displaystyle\int \frac{e^{3x}}{(e^x+1)^2}\,dx$

157 次の不定積分を求めよ。

(1) $\displaystyle\int \frac{x}{\sqrt{2x+1}-\sqrt{x+1}}\,dx$ 　　　　(2) $\displaystyle\int \frac{2x^2+x-1}{x^3+1}\,dx$

(3) $\displaystyle\int\left(\tan x+\frac{1}{\tan x}\right)^2 dx$

*158 $\dfrac{x^2+4x-1}{(x^2+1)(x+2)}=\dfrac{ax+b}{x^2+1}+\dfrac{c}{x+2}$ を満たす定数 a, b, c の値を求め、

$\displaystyle\int \frac{x^2+4x-1}{(x^2+1)(x+2)}\,dx$ を計算せよ。

159 次の不定積分を求めよ。

*(1) $\displaystyle\int e^{-x}\sin x\,dx$ 　　　　(2) $\displaystyle\int \log(x+\sqrt{x^2+1})\,dx$

例題
1

次の条件を満たす関数 $f(x)$ を求めよ。
$$f'(x)=3x^2-2x+1,\quad f(0)=1$$

考え方　$f(x)$ は $f'(x)$ の不定積分で、積分定数は $f(0)=1$ より求まる。

解　$f(x)=\displaystyle\int(3x^2-2x+1)\,dx$ だから

$\qquad =x^3-x^2+x+C$

$f(0)=1$ より $f(0)=C=1$

よって、$f(x)=x^3-x^2+x+1$

---

*160 点 $(-1,\,3)$ を通る曲線 $y=f(x)$ がある。この曲線上の任意の点 $(x,\,y)$ における接線の傾きが $6x^2-2x+3$ のとき、この曲線の方程式を求めよ。

=========== ◀ 発展問題 ▶ ===========

161 $x+\sqrt{x^2+1}=t$ とおいて、不定積分 $\displaystyle\int \frac{1}{\sqrt{x^2+1}}\,dx$ を求めよ。

162 次の等式を証明せよ。ただし、$n\geqq 2$ とする。

(1) $\displaystyle\int\cos^n x\,dx=\frac{\cos^{n-1}x\sin x}{n}+\frac{n-1}{n}\int\cos^{n-2}x\,dx$

(2) $\displaystyle\int\tan^n x\,dx=\frac{\tan^{n-1}x}{n-1}-\int\tan^{n-2}x\,dx$

1-2 | 定積分

◆◆◆要点◆◆◆

▶定積分の公式

$$\cdot \int_a^b kf(x)\,dx = k\int_a^b f(x)\,dx \quad (k\text{ は定数})$$

$$\cdot \int_a^b \{f(x) \pm g(x)\}\,dx = \int_a^b f(x)\,dx \pm \int_a^b g(x)\,dx \quad (\text{複号同順})$$

▶定積分の性質

$$\cdot \int_a^a f(x)\,dx = 0$$

$$\cdot \int_a^b f(x)\,dx = -\int_b^a f(x)\,dx$$

$$\cdot \int_a^b f(x)\,dx = \int_a^c f(x)\,dx + \int_c^b f(x)\,dx$$

$$\cdot f(x)\text{ が偶関数 } f(x) = f(-x) \text{ ならば } \int_{-a}^a f(x)\,dx = 0$$

$$\cdot f(x)\text{ が奇関数 } f(-x) = -f(x) \text{ ならば } \int_{-a}^a f(x)\,dx = 2\int_0^a f(x)\,dx$$

▶定積分の置換積分法

$x = g(t)$ とおくと $a = g(\alpha),\ b = g(\beta)$ ならば

$$\int_a^b f(x)\,dx = \int_\alpha^\beta f(g(t))g'(t)\,dt$$

▶定積分の部分積分法

$$\int_a^b f(x)g'(x)\,dx = \Big[f(x)g(x)\Big]_a^b - \int_a^b f'(x)g(x)\,dx$$

▶定積分と微分

$$\cdot \frac{d}{dx}\int_a^x f(t)\,dt = f(x) \quad (a\text{ は定数})$$

$$\cdot \frac{d}{dx}\int_u^v f(t)\,dt = f(v)v' - f(u)u' \quad (u,\ v\text{ は }x\text{ の関数})$$

▶定積分の定義

$f(x)$ の原始関数を $F(x)$ とすると

$$\int_a^b f(x)\,dx = F(b) - F(a)$$

$$\boxed{\text{A}}$$

*163 次の定積分の値を求めよ。 (國 p.129 練習20)

(1) $\displaystyle\int_0^1 (3x^2-1)\,dx$　　　(2) $\displaystyle\int_1^4 (x-2)(2x+1)\,dx$　(3) $\displaystyle\int_{-3}^2 (x-1)^2\,dx$

(4) $\displaystyle\int_2^1 (6x^2+2x-1)\,dx$　(5) $\displaystyle\int_1^3 (4x^3+2x)\,dx$　(6) $\displaystyle\int_{-1}^2 (x^4+3x^2+2)\,dx$

164 次の定積分の値を求めよ。 (國 p.129 練習21)

*(1) $\displaystyle\int_0^4 x\sqrt{x}\,dx$　　　(2) $\displaystyle\int_1^e \frac{1}{x}\,dx$　　　*(3) $\displaystyle\int_{-1}^0 \frac{x+3}{x+2}\,dx$

(4) $\displaystyle\int_4^5 \frac{1}{(x-3)(x-2)}\,dx$　*(5) $\displaystyle\int_0^8 \frac{x-5}{\sqrt[3]{x}}\,dx$　(6) $\displaystyle\int_0^1 \frac{dx}{\sqrt{x+1}-\sqrt{x}}$

165 次の定積分の値を求めよ。 (國 p.129 練習21)

(1) $\displaystyle\int_0^{\frac{\pi}{4}} \sin^2 x\,dx$　　*(2) $\displaystyle\int_0^{\frac{\pi}{3}} \tan^2 x\,dx$　　*(3) $\displaystyle\int_{-2}^2 (e^x+e^{-x})^2\,dx$

(4) $\displaystyle\int_0^1 (5^x+e^x)\,dx$　(5) $\displaystyle\int_0^{\frac{\pi}{4}} \left(\frac{1}{\cos^2 x}-\sin x\right)dx$　*(6) $\displaystyle\int_0^{\frac{\pi}{3}} \frac{\sin 2x}{\cos x}\,dx$

166 次の定積分の値を求めよ。 (國 p.130 練習22)

(1) $\displaystyle\int_0^1 (1-e^x)^2\,dx+\int_0^1 (1+e^x)^2\,dx$

(2) $\displaystyle\int_1^e \log(x^2+4x)\,dx-\int_1^e \log(x+4)\,dx$

167 次の定積分の値を求めよ。 (國 p.130 練習23)

(1) $\displaystyle\int_1^2 (x^3-2x^2)\,dx+\int_2^1 (x^3+x^2+5)\,dx$

(2) $\displaystyle\int_0^{\frac{\pi}{12}} \sin 2x\,dx+\int_{\frac{\pi}{12}}^0 2\sin x\cos x\,dx$

(3) $\displaystyle\int_0^1 (e^x+e^{-x})\,dx+\int_1^2 (e^x+e^{-x})\,dx$

(4) $\displaystyle\int_0^{\frac{\pi}{3}} \sin^2 x\,dx-\int_{\frac{\pi}{3}}^0 \cos^2 x\,dx$

168 次の定積分の値を求めよ。 (國 p.132 練習24)

(1) $\displaystyle\int_0^1 (x+1)\sqrt{1-x}\,dx$　(2) $\displaystyle\int_1^3 x\sqrt{x^2-1}\,dx$　(3) $\displaystyle\int_{-1}^0 x(x^2+1)^3\,dx$

169 次の定積分の値を求めよ。 (國 p.132 練習 25)

*(1) $\displaystyle\int_0^{\frac{\pi}{2}} \sin 3x \cos x \, dx$　(2) $\displaystyle\int_0^{\frac{\pi}{3}} \sin x \cos^2 x \, dx$　*(3) $\displaystyle\int_0^1 \frac{e^{2x}}{e^x + 1} \, dx$

(4) $\displaystyle\int_1^2 \frac{1}{e^x - 1} \, dx$　　　*(5) $\displaystyle\int_{e^2}^{e^3} \frac{1}{x \log x} \, dx$　(6) $\displaystyle\int_0^1 x e^{x^2} \, dx$

170 次の定積分の値を求めよ。 (國 p.133 練習 26, p.134 練習 27)

*(1) $\displaystyle\int_0^3 \sqrt{9 - x^2} \, dx$　　(2) $\displaystyle\int_0^{\frac{3}{2}} \frac{dx}{\sqrt{9 - x^2}}$　　*(3) $\displaystyle\int_0^{\sqrt{6}} \frac{1}{x^2 + 2} \, dx$

(4) $\displaystyle\int_1^2 \frac{dx}{x^2 - 2x + 2}$　*(5) $\displaystyle\int_0^4 \sqrt{4x - x^2} \, dx$　*(6) $\displaystyle\int_0^1 \frac{dx}{\sqrt{1 + x^2}}$

***171** 次の定積分の値を求めよ。 (國 p.135 練習 29)

(1) $\displaystyle\int_0^\pi x \sin x \, dx$　　(2) $\displaystyle\int_{-1}^0 x e^{-x} \, dx$　　(3) $\displaystyle\int_0^2 \log(x + 1) \, dx$

(4) $\displaystyle\int_1^e x \log x \, dx$　(5) $\displaystyle\int_0^{\frac{\pi}{2}} (x + 1) \cos x \, dx$　(6) $\displaystyle\int_{\frac{1}{e}}^1 x^2 \log x \, dx$

***172** 次の関数を x について微分せよ。 (國 p.137 練習 33)

(1) $F(x) = \displaystyle\int_0^x t \sin t \, dt$　　　　(2) $F(x) = \displaystyle\int_0^x x \sin t \, dt$

(3) $F(x) = \displaystyle\int_0^{2x} t \sin t \, dt$　　　(4) $F(x) = \displaystyle\int_x^{3x} t \sin t \, dt$

◇◆◇◆◇◆◇◆◇◆◇◆◇◆◇◆◇◆◇◆◇◆◇◆◇◆◇◆◇ **B** ◇◆◇◆◇◆◇◆◇◆◇◆◇◆◇◆◇◆◇◆◇◆◇◆◇◆◇◆

例題 2 定積分 $\displaystyle\int_0^1 |e^x - 2| \, dx$ の値を求めよ。

考え方 絶対値記号の中の正負を調べ ➡ 区間を分割して積分する

解
$e^x - 2 = 0$ を解くと $x = \log 2$
$0 \le x \le \log 2$ のとき $e^x - 2 \le 0$ だから
$\quad |e^x - 2| = -(e^x - 2)$
$\log 2 \le x \le 1$ のとき $e^x - 2 \ge 0$ だから
$\quad |e^x - 2| = e^x - 2$

$(与式) = -\displaystyle\int_0^{\log 2} (e^x - 2) \, dx + \int_{\log 2}^1 (e^x - 2) \, dx$

$\quad = -\Big[e^x - 2x \Big]_0^{\log 2} + \Big[e^x - 2x \Big]_{\log 2}^1 = 4 \log 2 + e - 5$

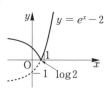

173 次の定積分の値を求めよ。

(1) $\displaystyle\int_1^{e^2} |\log x - 1|\, dx$

(2) $\displaystyle\int_0^\pi |\sin x - \cos x|\, dx$

174 次の定積分の値を求めよ。

*(1) $\displaystyle\int_0^{\frac{\pi}{2}} \sin^2 x \cos^3 x\, dx$

(2) $\displaystyle\int_0^{\frac{\pi}{3}} \frac{1}{\cos x}\, dx$

175 次の定積分の値を求めよ。

*(1) $\displaystyle\int_0^1 (1-x^2) e^x\, dx$

(2) $\displaystyle\int_0^{\frac{\pi}{2}} x \sin^2 x\, dx$

(3) $\displaystyle\int_0^{\log 2} x e^{2x}\, dx$

*(4) $\displaystyle\int_1^e x (\log x)^2\, dx$

*176 定積分 $I = \displaystyle\int_0^1 \frac{x}{x^2+1} \log(x^2+1)\, dx$ の値を，部分積分法，置換積分法で求めよ。

177 次の関数 $F(x)$ を x について微分せよ。

*(1) $F(x) = \displaystyle\int_0^x (x-t) \cos t\, dt$

*(2) $F(x) = \displaystyle\int_0^x t \sin(x-t)\, dt$

(3) $F(x) = \displaystyle\int_0^x e^t \log \frac{x+1}{t+1}\, dt \quad (x > 0)$

178 $f(x) = \displaystyle\int_0^x (x-t) \sin^2 t\, dt$ の第 2 次導関数を求めよ。

*179 等式 $\displaystyle\int_0^x (x-t) f(t)\, dt = a\cos x - 2$ を満たす $f(x)$ と定数 a の値を求めよ。

180 次の等式を証明せよ。

(1) $\displaystyle\int_{-a}^a f(x)\, dx = \int_0^a \{f(x) + f(-x)\}\, dx$

(2) $\displaystyle\int_0^1 \{f(x) + f(1-x)\}\, dx = 2\int_0^1 f(x)\, dx$

◀ 発展問題 ▶

181 (1) $\displaystyle\int_0^{\frac{\pi}{2}} \frac{\sin x}{\sin x + \cos x}\, dx = \int_0^{\frac{\pi}{2}} \frac{\cos x}{\sin x + \cos x}\, dx$ であることを示せ。

(2) (1)を利用して $\displaystyle\int_0^{\frac{\pi}{2}} \frac{\sin x}{\sin x + \cos x}\, dx$ の値を求めよ。

2 | 積分法の応用

◆◆◆要点◆◆◆

▶ 2曲線の間の面積

$a \leqq x \leqq b$ のとき $g(x) \leqq f(x)$ ならば

$$S = \int_a^b \{f(x) - g(x)\}dx$$

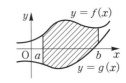

▶ 切り口の面積と体積

右の図のような立体の体積 V は

$$V = \int_a^b S(x)\,dx \quad (S(x) \text{ は切り口の面積})$$

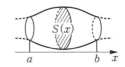

▶ 回転体の体積

・x軸のまわりの回転体の体積

$$V = \pi \int_a^b y^2\,dx = \pi \int_a^b \{f(x)\}^2\,dx$$

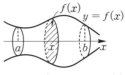

・y軸のまわりの回転体の体積

$$V = \pi \int_a^b x^2\,dy = \pi \int_a^b \{g(y)\}^2\,dy$$

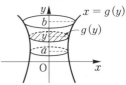

▶ 定積分と和の極限

$$\lim_{n \to \infty} \frac{1}{n} \sum_{k=0}^{n-1} f\left(\frac{k}{n}\right) = \lim_{n \to \infty} \frac{1}{n} \sum_{k=1}^{n} f\left(\frac{k}{n}\right) = \int_0^1 f(x)\,dx$$

▶ 定積分と不等式 (区間 $[a,\ b]$ において)

・$f(x) \geqq 0$ ならば

$$\int_a^b f(x)\,dx \geqq 0$$

・$f(x) \geqq g(x)$ ならば

$$\int_a^b f(x)\,dx \geqq \int_a^b g(x)\,dx$$

・$m \leqq f(x) \leqq M$ ならば

$$m(b-a) \leqq \int_a^b f(x)\,dx \leqq M(b-a)$$

A

182 次の曲線と直線および x 軸で囲まれた部分の面積を求めよ。(數 p.142 練習 1, 2)

*(1) $y = x^2 + 3$, $x = 1$, $x = 2$　　(2) $y = -x^2 + 9$, $x = -2$, $x = 0$

183 次の曲線と x 軸で囲まれた部分の面積を求めよ。　　(數 p.142 練習 3)

(1) $y = -x^2 + 1$ (2) $y = x^2 - x - 2$

(3) $y = x^3 - 4x$ (4) $y = x^3 + x^2 - 2x$

*184 次の曲線および直線で囲まれた図形の面積を求めよ。　　(數 p.142 練習 2, 3)

(1) $y = \sqrt{x+2}$, x 軸, y 軸 (2) $y = e^x - 3$, x 軸, y 軸

(3) $y = \dfrac{2}{x-1}$, $x = 2$, $x = 3$, x 軸

(4) $y = \sin x$, $x = \dfrac{\pi}{3}$, $x = \dfrac{3}{2}\pi$, x 軸

185 次の曲線や直線で囲まれた部分の面積を求めよ。　　(數 p.144 練習 4, 5)

(1) $y = x^2 - 4x$, $y = -2x + 3$

(2) $y = 2x^2 + 2x - 2$, $y = -x^2 + 2x + 1$

(3) $y = \sqrt{x}$, $y = \dfrac{1}{2}x$ (4) $y = \dfrac{1}{x}$, $y = -3x + 4$

(5) $y = \sin x$, $y = \cos x$ $\left(\dfrac{\pi}{4} \le x \le \dfrac{5}{4}\pi \right)$

186 次の曲線や直線で囲まれた部分の面積を求めよ。　　(數 p.145 練習 6, 7)

(1) $x = y^2$, $y = -1$, $y = 2$, y 軸 (2) $x = y^2 + 1$, $x = y + 1$

(3) $y = e^x$, $y = e^2$, x 軸, y 軸 (4) $x = \sin y$ $(0 \le y \le \pi)$, y 軸

*187 曲線 $y = x^3 + 4$ 上の点 $(1, 5)$ を接点とする接線を引くとき，曲線と接線
によって囲まれた図形の面積を求めよ。　　(數 p.146 練習 8)

188 次の曲線上の点 $(1, 0)$ を接点とする接線を引くとき，曲線と接線および直
線 $x = e$ によって囲まれた図形の面積を求めよ。　　(數 p.146 練習 8)

(1) $y = e^x - e$ *(2) $y = \log x$

189 次の曲線で囲まれた図形の面積を求めよ。　　(數 p.147 練習 9)

(1) $\dfrac{x^2}{9} + y^2 = 1$

(2) $y^2 = x^2(1-x)$

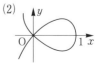

***190** 次の曲線と x 軸で囲まれた部分を x 軸のまわりに回転してできる立体の体積を求めよ。 (教 p.151 練習 12)

(1) $y = x^2 - 1$　　　　(2) $y = x^3 - x$　　　　(3) $y = \sqrt{9 - x^2}$

191 次の曲線や直線で囲まれた部分を x 軸のまわりに回転してできる立体の体積を求めよ。 (教 p.152 練習 13)

*(1) $y = \dfrac{1}{x} + 1,\ y = 0,\ x = 1,\ x = 3$

(2) $y = \sqrt{x+1} - 1,\ y = 0,\ x = 3$

(3) $y = \sin x\ (0 \le x \le \pi),\ y = 0$

*(4) $y = e^x,\ y = 0,\ x = 0,\ x = 2$

***192** 次の曲線や直線で囲まれた部分を y 軸のまわりに回転してできる立体の体積を求めよ。 (教 p.152 練習 14)

(1) $y = \dfrac{1}{x},\ y = 1,\ y = 3,\ x = 0$　　(2) $y = \log x,\ x = 0,\ y = 0,\ y = 2$

(3) $y = \sqrt{x-1},\ y = 0,\ y = 1,\ x = 0$　　　(4) $y = e^x,\ y = e,\ x = 0$

193 次の極限値を求めよ。 (教 p.156 練習 15)

(1) $\displaystyle \lim_{n \to \infty} \frac{1}{n} \left(\sqrt{\frac{1}{n}} + \sqrt{\frac{2}{n}} + \sqrt{\frac{3}{n}} + \cdots\cdots + \sqrt{\frac{n}{n}} \right)$

(2) $\displaystyle \lim_{n \to \infty} \left(\frac{n+1}{n^2} + \frac{n+2}{n^2} + \frac{n+3}{n^2} + \cdots\cdots + \frac{n+n}{n^2} \right)$

(3) $\displaystyle \lim_{n \to \infty} \frac{1}{n} \left(1 + e^{\frac{1}{n}} + e^{\frac{2}{n}} + \cdots\cdots + e^{\frac{n-1}{n}} \right)$

194 次の問いに答えよ。 (教 p.157 練習 16)

(1) $0 < x < 1$ のとき，$\dfrac{1}{x+1} \le \dfrac{1}{x^3+1} \le 1$ であることを証明せよ。

(2) (1)を利用して，次の不等式が成り立つことを証明せよ。

$$\log 2 < \int_0^1 \frac{1}{x^3+1}\,dx < 1$$

195 n を 2 以上の自然数とするとき，次の不等式を証明せよ。 (教 p.158 練習 17)

$$\frac{1}{2^2} + \frac{1}{3^2} + \frac{1}{4^2} + \cdots\cdots + \frac{1}{n^2} < 1 - \frac{1}{n}$$

◇◆◇◆◇◆◇◆◇◆◇◆◇◆◇◆◇◆◇◆◇◆◇◆◇ **B** ◇◆◇◆◇◆◇◆◇◆◇◆◇◆◇◆◇◆◇◆◇◆◇◆◇

*196 点 $(1, -3)$ から，放物線 $y = x^2$ へ引いた 2 本の接線の方程式を求めよ。また，この 2 本の接線と放物線で囲まれた部分の面積を求めよ。

197 曲線 $\sqrt{x} + \sqrt{y} = 1$ と x 軸，y 軸で囲まれた図形の面積を求めよ。

198 曲線 $y = 2\cos x$, $y = 3\tan x$ $\left(0 \leqq x \leqq \dfrac{\pi}{2}\right)$, x 軸で囲まれた図形の面積を求めよ。

*199 次の曲線および直線によって囲まれた図形の面積を求めよ。

(1) $y = \dfrac{2x}{x^2+1}$, $y = x$　　　　　(2) $y = xe^x$, $y = -\dfrac{1}{e}x^2$

*200 $y = \sin x$ $\left(0 \leqq x \leqq \dfrac{\pi}{2}\right)$ と直線 $x = \dfrac{\pi}{2}$ および x 軸で囲まれる部分の面積が直線 $x = a$ で 2 等分されるとき，a の値を求めよ。

例題 3　底面の周が $x^2 + 9y^2 = 9$ で表される立体がある。この立体を x 軸に垂直な平面で切ったときの断面はつねに正三角形であった。この立体の体積を求めよ。

考え方　x 軸に垂直な断面積が $S(x)$ ➡ $a \leqq x \leqq b$ の体積 $V = \displaystyle\int_a^b S(x)\,dx$

解　この立体を座標 x の平面で切ったときの切り口の 1 辺は $2y$ で，断面積を $S(x)$ とすると

$$S(x) = \frac{1}{2} \times 2y \times 2y \sin 60° = \sqrt{3}\,y^2$$

$y^2 = 1 - \dfrac{1}{9}x^2$ だから　$S(x) = \sqrt{3}\left(1 - \dfrac{1}{9}x^2\right)$

よって，求める体積は y 軸に関して対称だから

$$V = 2\int_0^3 \sqrt{3}\left(1 - \frac{x^2}{9}\right)dx = 2\sqrt{3}\left[x - \frac{x^3}{27}\right]_0^3 = 4\sqrt{3}$$

*201 x 軸上の区間 $0 \leqq x \leqq \pi$ において，点 x を通り x 軸に垂直な平面で切った切り口が，1 辺の長さが $\sin x$ の正三角形である立体の体積を求めよ。

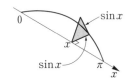

例題 **4** $y = \sin x,\ y = -\cos x$ の区間 $\left[0, \dfrac{\pi}{2}\right]$ ではさまれた部分を x 軸のまわりに回転してできる立体の体積 V を求めよ。

考え方 グラフの $y < 0$ の部分を x 軸で折り返して回転させる図形を考える。

解 $y = \sin x$ …① $\qquad y = -\cos x$ …②

のグラフは右の図で，②の $y < 0$ の部分を x 軸に対称に折り返して，右図の斜線部分を x 軸のまわりに回転した体積を求めればよいから

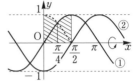

$$V = 2\pi \int_0^{\frac{\pi}{4}} \cos^2 x\, dx = \pi \int_0^{\frac{\pi}{4}} (1 + \cos 2x)\, dx$$
$$= \pi \left[x + \frac{1}{2}\sin 2x \right]_0^{\frac{\pi}{4}} = \frac{\pi(\pi + 2)}{4}$$

202 次の曲線および直線によって囲まれた図形を，x 軸のまわりに 1 回転させてできる立体の体積を求めよ。

*(1) $y = x^2 - 4,\ y = 3x$

(2) $y = \sin x,\ y = \sin 2x$　ただし，$\dfrac{\pi}{3} < x < \pi$ とする。

203 円 $x^2 + (y - b)^2 = a^2\ (0 < a < b)$ を x 軸のまわりに 1 回転してできる立体の体積 V を求めよ。

204 曲線 $x^{\frac{2}{3}} + y^{\frac{2}{3}} = 1\ (x \geqq 0,\ y \geqq 0)$ と x 軸，y 軸とで囲まれた部分を x 軸のまわりに回転した立体の体積を求めよ。

◀ 発展問題 ▶

***205** 曲線 $y = 2\sin x\ (0 \leqq x \leqq \pi)$ と直線 $y = 1$ で囲まれた領域を D とする。

(1) 領域 D を x 軸のまわりに回転してできる立体の体積を求めよ。

(2) 領域 D を直線 $y = 1$ のまわりに回転してできる立体の体積を求めよ。

***206** 区間 $0 \leqq x \leqq 1$ で，関数 $y = x^2$ と直線 $y = x$ で囲まれた図形を，直線 $y = x$ のまわりに回転してできる回転体の体積を求めよ。

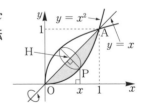

3 章 の問題

1 次の不定積分，定積分を求めよ。

(1) $\displaystyle\int \sqrt[3]{x}\,\log x\,dx$

(2) $\displaystyle\int x2^x\,dx$

(3) $\displaystyle\int_0^\pi \sqrt{1-\cos x}\,dx$

(4) $\displaystyle\int_0^1 \frac{1}{e^x+1}\,dx$

2 次の定積分を求めよ。

(1) $\displaystyle\int_0^{\frac{\pi}{2}} \left|\cos x-\frac{1}{2}\right|dx$

(2) $\displaystyle\int_0^2 |2^x-2|\,dx$

3 次の問いに答えよ。ただし，a, b は実数とする。

(1) 積分 $\displaystyle\int_0^1 x\cos\pi x\,dx$ を計算せよ。

(2) 積分 $\displaystyle I=\int_0^1 \{\cos\pi x-(ax+b)\}^2\,dx$ を a, b を用いて表せ。

(3) a, b の値を変化させたときの I の最小値，およびそのときの a, b の値を求めよ。

4 関数 $f(x)$ が任意の実数 x に対して

$$f(x)=x^2-\int_0^x (x-t)f'(t)\,dt$$

を満たすとき，次の問いに答えよ。

(1) $f(0)$ の値を求め，さらに，$f'(x)=2x-f(x)$ が成り立つことを示せ。

(2) $(e^x f(x))'=2xe^x$ を示せ。

(3) $f(x)$ を求めよ。

5 曲線 $y=\log x$ 上の点 $(t, \log t)$ における接線を l とする。次の問いに答えよ。

(1) l の方程式を求めよ。

(2) $1\leqq x\leqq e$ のとき，曲線 $y=\log x$ と 3 直線 l, $x=1$, $x=e$ で囲まれた部分の面積 $S(t)$ を求めよ。

(3) (2)で求めた $S(t)$ が最小となる t の値を求めよ。

6 右の図のように，曲線 $y = \cos x$ $\left(0 \leqq x \leqq \dfrac{\pi}{2}\right)$ があり，この曲線上の点 P における接線が x 軸と交わる点を Q，点 P から x 軸に垂線 PR を下ろす。

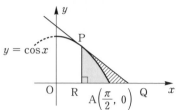

　　$\triangle$PQR が曲線 $y = \cos x$ によって分けられる 2 つの部分 APQ と APR の面積比が $1 : 2$ になるように点 P の座標を定めよ。ただし，$A\left(\dfrac{\pi}{2},\ 0\right)$ とする。

7 楕円 $\dfrac{x^2}{4} + y^2 = 1$ に，長方形 ABCD が図のように内接している。辺 AB は x 軸に平行，辺 AD は y 軸に平行で，A の座標を $(a,\ b)$ $(a > 0,\ b > 0)$ とする。この長方形の外側でかつ楕円の内側の部分（境界線を含む図の斜線部分）を x 軸のまわりに回転してできる立体の体積を V とする。

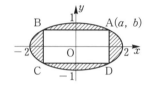

(1) V を a を用いて表せ。　　　(2) V の最小値を求めよ。

8 $f(x) = e^x$，$g_n(x) = ne^{-x}$（n は 2 以上の自然数）について，次の問いに答えよ。

(1) $y = f(x)$，$y = g_n(x)$ および y 軸とで囲まれる部分の面積 S_n を求めよ。

(2) $\displaystyle \lim_{n \to \infty} (S_{n+1} - S_n)$ を求めよ。

9 $0 \leqq x \leqq 1$ のとき $1 \leqq 1 + x^2 \leqq 2$ であることを利用して，次の不等式が成り立つことを証明せよ。

$$\dfrac{1}{2(n+1)} < \int_0^1 \dfrac{x^n}{1 + x^2}\, dx < \dfrac{1}{n+1}$$

詳しい解答や図・証明は，弊社 Web サイト（https://www.jikkyo.co.jp）
の本書の紹介からダウンロードできます。

解答

1章　数列

1-1. 数列とその和

1　(1) $a_1=7$, $a_2=2$, $a_3=-3$, $a_4=-8$,
$a_5=-13$

(2) $a_1=1$, $a_2=\dfrac{4}{3}$, $a_3=\dfrac{3}{2}$, $a_4=\dfrac{8}{5}$,

$a_5=\dfrac{5}{3}$

(3) $a_1=1$, $a_2=-2$, $a_3=4$, $a_4=-8$,
$a_5=16$

2　(1) $a_n=2n$　(2) $a_n=\dfrac{2n-1}{3n}$

3　(1) $a_n=6n-4$, $a_{10}=56$

(2) $a_n=2n-5$, $a_{10}=15$

(3) $a_n=4n-1$, $a_{10}=39$

(4) $a_n=-5n+19$, $a_{10}=-31$

4　(1) 初項 1，公差 3，$a_n=3n-2$

(2) 初項 100，公差 -7，
$a_n=-7n+107$

5　(1) 1240　(2) 308　(3) 1079

(4) -1122

6　(1) $a_n=4n+1$, $S_n=2n^2+3n$

(2) $a_n=10n-11$, $S_n=5n^2-6n$

(3) $a_n=-2n+5$, $S_n=-n(n-4)$

(4) $a_n=\dfrac{3}{4}n-\dfrac{1}{4}$, $S_n=\dfrac{n(3n+1)}{8}$

7　(1) 第 99 項，和は 14751

(2) 項数は 21 個，公差は -3

(3) 第 68 項目，最大値は 33835

8　(1) 2, 5, 8　(2) -2, 4, 10

9　(1) $a_n=2\cdot3^{n-1}$, $a_6=486$

(2) $a_n=3\cdot(-2)^{n-1}$, $a_6=-96$

(3) $a_n=10\cdot2^{n-1}$, $a_6=320$

(4) $a_n=81\cdot\left(-\dfrac{1}{3}\right)^{n-1}$, $a_6=-\dfrac{1}{3}$

10　(1) 初項 $\dfrac{3}{2}$，公比 2，$a_n=\dfrac{3}{2}\cdot2^{n-1}$

(2) 初項 -2，公比 3，$a_n=-2\cdot3^{n-1}$
または
初項 2，公比 -3，$a_n=2\cdot(-3)^{n-1}$

11　(1) 初項 5，公比 2

(2) 初項 -3，公比 -3

(3) 初項 2，公比 4

12　(1) $a_n=4^{n-1}$, $S_n=\dfrac{4^n-1}{3}$

(2) $a_n=8\cdot\left(\dfrac{1}{2}\right)^{n-1}$, $S_n=16\left\{1-\left(\dfrac{1}{2}\right)^n\right\}$

(3) $S_n=1-\left(\dfrac{1}{2}\right)^n$

(4) $S_n=1-(-2)^n$

(5) $a_n=2\cdot\left(\dfrac{2}{3}\right)^{n-1}$, $S_n=6\left\{1-\left(\dfrac{2}{3}\right)^n\right\}$

(6) $a_n=(-1)^{n-1}$,
$S_n=\dfrac{1-(-1)^n}{2}$ $\left(=\dfrac{1+(-1)^{n+1}}{2}\right)$

13　(1) 初項 5，第 7 項

(2) 第 7 項　(3) 192

14　(1) 2, 6, 18　(2) 4, 10, 25

15　(1) $\dfrac{1}{2}n(3n+5)$

(2) $\dfrac{1}{6}n(n+1)(2n-5)$

(3) $\dfrac{1}{4}n(n+1)(n^2+n-2)$

(4) $\dfrac{3(3^{n-1}-1)}{2}$

(5) $\dfrac{3^n-1}{2}$

16　(1) 2550　(2) 735　(3) 392

(4) 2893

17　(1) 41550　(2) 41175

18　4228

19　$(a,\ b)=(1,\ 1)$,
$(-1\pm\sqrt{2},\ -3\pm2\sqrt{2})$（複号同順）

20　(1) $c_n=-3+4n+3\cdot2^{n-1}$

(2) $d_n=5(3n-2)\cdot2^{n-1}$

21　(1) $\dfrac{1}{6}n(n+1)(4n+5)$

(2) $\dfrac{2}{3}n(n+1)(2n+1)$

(3) $\dfrac{n}{3}(4n^2+6n-1)$

(4) $\dfrac{1}{4}n(n+1)(n+2)(n+3)$

22　(1) $\dfrac{n}{2(3n+2)}$　(2) $\dfrac{n}{4(n+1)}$

(3) $\dfrac{1}{2}(\sqrt{n+2}+\sqrt{n+1}-\sqrt{2}-1)$

(4) $\dfrac{n(3n+5)}{4(n+1)(n+2)}$

23 (1) $a_n=n^2-n+1$

(2) $a_n=\dfrac{1}{2}(3^{n-1}+1)$

(3) $a_n=\dfrac{1}{9}(10^n-1)$

24 (1) $\dfrac{1}{12}n(n+1)^2(n+2)$

(2) $\dfrac{1}{6}n(2n+1)(7n+1)$

25 $x\neq 1$ のとき

$\dfrac{1+x-(2n+1)x^n+(2n-1)x^{n+1}}{(1-x)^2}$

$x=1$ のとき n^2

26 (1) 91 (2) 第32群の4番目

(3) n^3

1-2. 漸化式と数学的帰納法

27 (1) $a_2=4$, $a_3=7$, $a_4=10$, $a_5=13$

(2) $a_2=3$, $a_3=5$, $a_4=9$, $a_5=17$

(3) $a_3=4$, $a_4=8$, $a_5=16$

28 (1) $a_n=3n-2$

(2) $a_n=n^2-n+1$ (3) $a_n=2^n-1$

29, 30 略

31 (1) $a_n=\dfrac{1}{6}(n+1)(2n^2-5n+6)$

(2) $a_n=2-\left(\dfrac{1}{2}\right)^{n-1}$

32 (1) $a_n=5\cdot2^{n-1}-4$

(2) $a_n=2+\left(\dfrac{1}{2}\right)^{n-1}$

(3) $a_n=\dfrac{1}{4}\{1-5\cdot(-3)^{n-1}\}$

33 (1) $a_n=2-\dfrac{1}{n}$

(3) $a_n=\dfrac{2}{2\cdot3^{n-1}-1}$

34 $a_n=\dfrac{2n}{2n-1}$ と推定される。証明略

2-1. 数列の極限

35 (1) 正の無限大に発散 (∞)

(2) 負の無限大に発散 $(-\infty)$

(3) 正の無限大に発散 (∞)

(4) 振動 (5) 振動

(6) 0 に収束 (7) 0 に収束

(8) 振動

(9) 0 に収束

36 (1) ∞ (2) $-\infty$ (3) ∞

(4) 1 (5) $-\infty$ (6) 1

(7) ∞ (8) $\dfrac{1}{\sqrt{2}}$ (9) 2

37 (1) 0 (2) ∞

38 (1) $a_n=-(-2)^n$, $\displaystyle\lim_{n\to\infty}a_n$ は振動する

(2) $a_n=\left(-\dfrac{1}{3}\right)^{n-1}$, $\displaystyle\lim_{n\to\infty}a_n=0$

(3) $a_n=6\cdot\left(\dfrac{2}{3}\right)^{n-1}$, $\displaystyle\lim_{n\to\infty}a_n=0$

(4) $a_n=6\cdot\left(-\dfrac{1}{\sqrt{3}}\right)^{n-1}$, $\displaystyle\lim_{n\to\infty}a_n=0$

39 (1) $-\infty$ (2) ∞ (3) -3

(4) ∞ (5) 振動する

(6) 振動する

40 (1) $0\leqq x<\dfrac{2}{3}$

(2) $2-\sqrt{5}\leqq x<2-\sqrt{3}$,

$2+\sqrt{3}<x\leqq2+\sqrt{5}$

41 (1) 0 (2) $\dfrac{1}{3}$ (3) 振動する

(4) r

42 (1) 0 (2) 0 (3) 0

43 (1) 2 (2) 1

44 (1) -1 (2) $\dfrac{1}{2}$

45 (1) $\dfrac{1}{3}$ (2) 1

46 (1) 7 (2) 0

47 (1) $|r|<1$ のとき $\dfrac{1}{2}$

$|r|>1$ のとき -1

$r=1$ のとき 3

$r=-1$ のとき 振動する

(2) $0\leqq\theta<\dfrac{\pi}{2}$, $\dfrac{\pi}{2}<\theta<\dfrac{3}{2}\pi$,

$\dfrac{3}{2}\pi<\theta<2\pi$ のとき 1

$\theta=\dfrac{\pi}{2}$ のとき $\dfrac{1}{3}$

$\theta=\dfrac{3}{2}\pi$ のとき 振動する

48 (1) 3　(2) $\dfrac{5}{2}$

2-2. 無限級数

49 (1) $\dfrac{1}{4}$ に収束　(2) 発散

50 (1) $\dfrac{3}{4}$ に収束　(2) 発散

(3) $\dfrac{5}{4}$ に収束　(4) 発散

51 (1) $-\dfrac{1}{2}<x<\dfrac{1}{2}$　(2) $0\leqq x<1$

52 (1) $\dfrac{7}{9}$　(2) $\dfrac{8}{33}$　(3) $\dfrac{28}{185}$

53 (1) $\dfrac{1}{2}$ に収束　(2) $\dfrac{3}{4}$ に収束

(3) 発散

54 (1) $-\dfrac{1}{4}$ に収束　(2) $\dfrac{3}{2}$ に収束

(3) $\dfrac{9}{4}$ に収束

55 (1) $-\dfrac{1}{4}$　(2) $-\dfrac{2}{5}$

56 (1) 1 に収束　(2) 発散

57 (1) a^2　(2) $4(\sqrt{2}+1)a$

58 $\dfrac{(1+\sin\theta)^2\pi r_1^2}{4\sin\theta}$

59 7 m

1章の問題

1 $k=18$, 公差 $\dfrac{10}{19}$

2 5000

3 (1) 1368　(2) 2632

4 (1) $\dfrac{4}{3}\left\{1-\left(\dfrac{1}{4}\right)^n\right\}$　(2) 2^n-1

(3) $-\dfrac{1}{2}n(n-1)$

5 20

6 (1) $(2,\ -1),\ (-1,\ 2)$

(2) $a_n=\dfrac{1}{3}\{2^n-(-1)^n\}$

7 (1) $S_5=6$

(2) $S_n=\dfrac{1}{2}(n-1)(n-2)$

8 $\dfrac{7}{2}$

9 略

10 $\dfrac{3}{4}$

11 略

12 (1) $11\leqq n\leqq 15$

(2) $\dfrac{k^2-k+2}{2}\leqq n\leqq\dfrac{k^2+k}{2}$

(3) $\sqrt{2}$

13 $\left(\dfrac{4}{3},\ \dfrac{2}{3}\right)$

2章　微分法

1. 関数の極限

60 (1) -2　(2) 3　(3) $\sqrt{2}$

(4) 2

61 (1) 1　(2) 6　(3) -5

62 (1) 3　(2) 3　(3) 3

63 (1) 1　(2) -1

64 (1) $\dfrac{1}{2}$　(2) $\dfrac{1}{6}$　(3) $\dfrac{1}{4}$

(4) $\dfrac{1}{6}$

65 (1) $a=2,\ b=-3$

(2) $a=-5,\ b=6$

(3) $a=2,\ b=-2$

(4) $a=4,\ b=-8$

66 (1) ∞　(2) $-\infty$　(3) ∞

67 (1) -1　(2) 1　(3) -1

68 (1) 0　(2) 0　(3) 1　(4) ∞

(5) $-\infty$　(6) ∞

69 (1) -1　(2) 8　(3) ∞

70 (1) 0　(2) 0　(3) 1　(4) ∞

(5) 0

71 (1) $-\infty$　(2) ∞　(3) 0

72 (1) -1　(2) 1　(3) 0

73 (1) 0　(2) 0

74 (1) $\dfrac{2}{3}$　(2) 2　(3) $\dfrac{1}{2}$

(4) 2　(5) 1　(6) 2

75 (1) $-\pi$　(2) -1

76 (1) 連続である　(2) 連続ではない

77 (1) $(-\infty,\ \infty)$

(2) $\left(-\dfrac{\pi}{2}+n\pi,\ \dfrac{\pi}{2}+n\pi\right)$（$n$ は整数）

(3) $[n,\ n+1)$ $(n$ は整数$)$

78 略

79 (1) 0 (2) 0 (3) 1

(4) $-\infty$ (5) $-\dfrac{1}{2}$

80 (1) 1 (2) $\dfrac{\pi}{180}$ (3) 2

81 (1) 1 (2) $\dfrac{2}{3}$ (3) 5

(4) $-\dfrac{\sqrt{2}}{2}$ (5) 8 (6) 3

82 $a=-4,\ b=2\pi$

83 $f(x)=3x^2-2x-1$

84 略

85 $a=-2$

86 (1) $\mathrm{OP}=\dfrac{3\sin 2\theta}{\sin 3\theta}$,

$\mathrm{P}\left(\dfrac{3\sin 2\theta\cos\theta}{\sin 3\theta},\ \dfrac{3\sin 2\theta\sin\theta}{\sin 3\theta}\right)$

(2) $(2,\ 0)$

87 (1) $\dfrac{1}{2}r^2\sin\dfrac{2\pi}{n}$ (2) πr^2

2. 導関数

88 (1) -3 (2) -4 (3) 3

89 微分可能である

90 (1) 2 (2) $2x+1$ (3) $3x^2-1$

91 (1) $y'=6x-5$

(2) $y'=-3x^2+4x+1$

(3) $y'=-6x^2-2x+5$

(4) $y'=\dfrac{1}{2}x^2-\dfrac{1}{2}x-1$

(5) $y'=-2x^2+5x$

(6) $y'=4x^3-10x+\dfrac{2}{3}$

92 $f'(x)=3x^2-2x+1$

$f'(1)=2,\ f'(0)=1,\ f'(-2)=17$

93 (1) $y'=4x+4$

(2) $y'=9x^2-8x-7$

(3) $y'=5x^4+9x^2-4x$

(4) $y'=18x^2+14x$

94 (1) $y'=-\dfrac{4}{(4x-1)^2}$

(2) $y'=\dfrac{3}{(x+1)^2}$

(3) $y'=-\dfrac{x^2+2x-2}{(x^2+2)^2}$

95 (1) $y'=-\dfrac{4}{x^5}$ (2) $y'=-\dfrac{4}{x^3}$

(3) $y'=\dfrac{3}{x^7}$

96 (1) $y'=10(5x+4)$

(2) $y'=12(4x-1)^2$

(3) $y'=16x(2x^2+1)^3$

(4) $y'=3(6x-1)(3x^2-x+1)^2$

(5) $y'=-\dfrac{2}{(x-1)^3}$

(6) $y'=-\dfrac{8x}{(x^2+3)^5}$

97 (1) $y'=\dfrac{3}{2}\sqrt{x}$ (2) $y'=\dfrac{x}{\sqrt{x^2+1}}$

(3) $y'=\dfrac{2x}{\sqrt[3]{(3x^2+1)^2}}$

98 (1) $y'=\dfrac{1}{2\sqrt{x+1}}$ (2) $y'=-\dfrac{1}{\sqrt[3]{x^4}}$

99 (1) $y'=-2\sin 2x$

(2) $y'=-\cos(1-x)$

(3) $y'=\dfrac{3}{\cos^2 3x}$

(4) $y'=2\sin x\cos x$

(5) $y'=-3\cos^2 x\sin x$

(6) $y'=\dfrac{2\tan x}{\cos^2 x}$

(7) $y'=-\dfrac{\cos x}{\sin^2 x}$

(8) $y'=\dfrac{\sin x}{\cos^2 x}$

(9) $y'=-\dfrac{x\sin x+\cos x}{x^2}$

100 (1) $y'=\dfrac{2}{\sqrt{1-4x^2}}$

(2) $y'=-\dfrac{3}{\sqrt{1-9x^2}}$

(3) $y'=\dfrac{2}{1+4x^2}$

(4) $y'=\dfrac{1}{\sqrt{9-x^2}}$

(5) $y'=\dfrac{2}{4+x^2}$

(6) $y'=\dfrac{1}{2(x+1)\sqrt{x}}$

101 (1) $y'=\dfrac{1}{x}$

(2) $y'=\dfrac{3}{3x+1}$

(3) $y'=\dfrac{1}{x\log 3}$

(4) $y'=x^2(3\log x+1)$

(5) $y'=\dfrac{1}{\log 2}(\log x+1)$

(6) $y'=\dfrac{1-\log x}{x^2}$

102 (1) $y'=\dfrac{2}{2x-1}$ (2) $y'=\dfrac{2x-1}{x^2-x}$

(3) $y'=-\tan x$

103 $y'=\dfrac{(x+1)(x-2)^2}{(x-1)^3}$

104 (1) $y'=3e^{3x+1}$ (2) $y'=(x+1)e^x$

(3) $y'=-2^{1-x}\log 2$

105 (1) $y'=e^x(\cos x-\sin x)$

(2) $y'=\dfrac{xe^x}{(x+1)^2}$

(3) $y'=-2xe^{-x^2}$

106 (1) $y''=12x-6$

(2) $y''=-\dfrac{2x}{(1+x^2)^2}$

(3) $y''=2\cos x-x\sin x$

107 (1) $y'''=60x^2+48x-18$

(2) $y'''=-8\cos 2x$

(3) $y'''=-\dfrac{3}{8\sqrt{x^3}}$

108 (1) $y^{(n)}=(-1)^n e^{-x}$

(2) $y^{(n)}=2^{n-1}(2x+n)e^{2x}$

(3) $y^{(n)}=\dfrac{(-1)^n n!}{(x-1)^{n+1}}$

109 略

110 (1) $y'=-\dfrac{1}{x^2}$ (2) $y'=-\sin x$

111 (1) $\dfrac{dy}{dx}=-\dfrac{x}{y}$

(2) $\dfrac{dy}{dx}=-\dfrac{2x+y}{x+4y}$

(3) $\dfrac{dy}{dx}=-\left(\dfrac{y}{x}\right)^{\frac{2}{3}}$

112 (1) $y'=3x^2(x^2+1)^2(3x^2+1)$

(2) $y'=8x(x^4+2x^2+3)(x^2+1)$

(3) $y'=\dfrac{3}{(1-x)^2}$

(4) $y'=\dfrac{x+3}{2(x+1)\sqrt{x+1}}$

(5) $y'=-\dfrac{x}{\sqrt{1-x^2}}$

(6) $y'=\dfrac{3x}{\sqrt[4]{2x^2+1}}$

113 (1) $y'=\dfrac{2}{3(x-1)(x+1)}\sqrt[3]{\dfrac{x-1}{x+1}}$

(2) $y'=x^{\frac{1}{x}-2}(1-\log x)$

114 (1) $y'=3\cos^3 x-2\cos x$

(2) $y'=\dfrac{x^2-1}{x(x^2+1)}$

(3) $y'=\dfrac{2}{(\sin x+\cos x)^2}$

(4) $y'=\cos x\, e^{\sin x}$

(5) $y'=2e^{2x}\sin x(\sin x+\cos x)$

(6) $y'=\dfrac{2}{\sin x}$

115 (1) $y'=\sqrt{x^2+1}$ (2) $y'=\sqrt{1-x^2}$

116, 117 略

3. 導関数の応用

118 (1) $y=x-2$ (2) $y=-2x+2$

(3) $y=3$ (4) $y=2x-3$

(5) $y=\dfrac{1}{2}x+\dfrac{\sqrt{3}}{2}-\dfrac{\pi}{6}$

(6) $y=x+1-\dfrac{\pi}{2}$ (7) $y=x$

(8) $y=2e^2 x-e^2$

119 (1) $c=2$ (2) $c=\dfrac{9}{4}$

(3) $c=\log(e-1)$ (4) $c=\dfrac{\pi}{2}$

120 略

121 (1) $-2\sqrt{2}<x<0,\ 2\sqrt{2}<x$ で増加，
$x<-2\sqrt{2},\ 0<x<2\sqrt{2}$ で減少，
極大値 12，極小値 -4

(2) $-3<x<1$ で増加，
$x<-3,\ 1<x$ で減少，
極大値 $\dfrac{1}{2}$，極小値 $-\dfrac{1}{6}$

(3) $x<0,\ 0<x$ で減少，極値はない

(4) $1<x<2$ で減少，
$2<x$ で増加，極小値 2

(5) $0<x<1$ で増加，
$x<0,\ 1<x$ で減少，

　　　極大値 $\dfrac{1}{e^2}$，極小値 0

(6)　$0<x<1$ で増加，
　　$1<x$ で減少，極大値 1

(7)　つねに増加，極値はない

(8)　$x<-1$ で減少，$1<x$ で増加，
　　極値はない

122 (1)　$x=-2$, 1 のとき最大値 3
　　　$x=0$ のとき最小値 -1

(2)　$x=1$ のとき最大値 4
　　$x=2$ のとき最小値 -4

(3)　$x=2$, -2 のとき最大値 7

　　$x=3$, -3 のとき最小値 $\dfrac{3}{4}$

123 (1)　$x=4$ のとき最大値 4
　　　$x=0$ のとき最小値 0

(2)　$x=\dfrac{3}{2}$ のとき最大値 $\dfrac{3\sqrt{3}}{4}$

　　$x=0$, 2 のとき最小値 0

(3)　$x=1$ のとき最大値 0
　　$x=0$ のとき最小値 -1

(4)　$x=1$ のとき最大値 0

　　$x=\dfrac{1}{e}$ のとき最小値 $-\dfrac{1}{e}$

(5)　$x=\dfrac{1}{3}$ のとき最大値 $\log\dfrac{10}{3}$

　　$x=1$ のとき最小値 $\log 2$

(6)　$x=\dfrac{\pi}{6}$ のとき最大値 $\dfrac{3\sqrt{3}}{4}$

　　$x=\dfrac{5}{6}\pi$ のとき最小値 $-\dfrac{3\sqrt{3}}{4}$

124, 125 略

126 $\dfrac{3\sqrt{3}}{2}$

127 略

128 (1)　$k<-1$, $3<k$ のとき 1 個
　　　$k=-1$, 3 のとき 2 個
　　　$-1<k<3$ のとき 3 個

(2)　$k<\dfrac{5}{2}$, $4-2\log 2<k$ のとき 1 個

　　$k=\dfrac{5}{2}$, $4-2\log 2$ のとき 2 個

　　$\dfrac{5}{2}<k<4-2\log 2$ のとき 3 個

129 (1)　8.6　　(2)　0.494
　　(3)　0.849　　(4)　2.953

130 (1)　速度 $3t^2-6t-9$，加速度 $6t-6$
　　(2)　$t=3$

131 (1)　$y=ex-2$　　(2)　$y=\dfrac{1}{e}x$

132 $k=\dfrac{1}{2}+\dfrac{1}{2}\log 2$,

　　　$y=\dfrac{\sqrt{2}}{2}x+\dfrac{\sqrt{2}}{4}\log 2+\dfrac{\sqrt{2}}{2}$

133 $a=-6$, $b=3$

134 $a=3$, $b=-3$
　　　極小値は -3（$x=0$ のとき）

135 $x=0$ のとき最小値 0，最大値なし

136, 137 略

138 $a>\dfrac{2}{e}$

139 (1)　略
　　(2)　$a<3$ のとき 1 個
　　　$a=3$ のとき 2 個
　　　$a>3$ のとき 3 個

140 (1)　$a^2(\cos\theta+1)\sin\theta$

　　　$a^2\left(\sin\theta+\dfrac{1}{2}\sin 2\theta\right)$ でもよい。

　　(2)　$\dfrac{3\sqrt{3}}{4}a^2$

141 20π [cm³/秒]

142 水面の上昇 $\dfrac{1}{3}\left(\dfrac{3h^2}{\pi r^2 v^2}\right)^{\frac{1}{3}}w$ cm/秒,

　　　面積 $2\left(\dfrac{\pi r^2}{3h^2 v}\right)^{\frac{1}{3}}w$ cm²/秒

2章の問題

1 (1)　e^3　　(2)　$\dfrac{1}{e^2}$　　(3)　2

(4)　1

2 (1)　$a=8$, $b=1$

(2)　$a=1$, $b=\dfrac{\pi}{6}$

3 $a=3$

4 (1)　$y'=\dfrac{(x+2)e^x+2}{2\sqrt{1+e^x}}$

(2)　$y'=\dfrac{1}{x\log x}$

(3)　$y'=\dfrac{1}{\sqrt{x^2+1}}$

(4)　$y'=2x\sin\dfrac{1}{x}-\cos\dfrac{1}{x}$

(5) $y'=(\log 2)2^{\sin x}\cos x$

(6) $y'=-\dfrac{2x\sin x+\cos x}{2x\sqrt{x}}$

5 $a=\dfrac{1}{2e}$, 接点は $\left(\sqrt{e}, \dfrac{1}{2}\right)$,

接線の方程式は $y=\dfrac{1}{\sqrt{e}}x-\dfrac{1}{2}$

6 (1) $x=\dfrac{\pi}{2}$ のとき最大値 $\dfrac{\pi}{2}+1$

$x=\pi$ のとき最小値 0

(2) $x=\dfrac{\pi}{6}$ のとき最大値 1

$x=0,\ \pi$ のとき最小値 0

7 略

8 (1) $y''=e^{ax}\{(a^2-b^2)\sin bx$
$\qquad\qquad\qquad +2ab\cos bx\}$

(2) $y''=2ay'-(a^2+b^2)y$

9 略

10 (1) $c=-\dfrac{1}{2}$

(2) $x<-\dfrac{1}{2},\ 1<x$ で減少

$-\dfrac{1}{2}<x<1$ で増加

(3) $-\dfrac{1}{\sqrt[4]{e}}\leqq k\leqq\dfrac{1}{2e}$

11 (1), (3) 略

(2) $\displaystyle\lim_{x\to+0}f(x)=\infty,\ \lim_{x\to\infty}f(x)=1$

12 B から $\sqrt{3}$ km 離れた地点

3章 積分法

1-1. 不定積分

143 (1) $\dfrac{1}{2}x^2+C$ (2) $\dfrac{1}{5}x^5+C$

(3) $\dfrac{2}{3}x\sqrt{x}+C$ (4) $\dfrac{3}{7}t^2\sqrt[3]{t}+C$

(5) $-\dfrac{1}{2x^2}+C$ (6) $\dfrac{3}{2}\sqrt[3]{x^2}+C$

144 (1) $x+C$ (2) $-3x^2+5x+C$

(3) x^3-2x^2+x+C

(4) $\dfrac{1}{3}x^3+\dfrac{3}{2}x^2+C$

(5) $\dfrac{2}{3}x^3-\dfrac{7}{2}x^2+6x+C$

(6) $\dfrac{1}{3}y^3-2y^2+4y+C$

(7) $\dfrac{1}{3}t^3-a^2t+C$

(8) $2x^2+C$

145 (1) $\dfrac{1}{2}x^2-\dfrac{1}{x}+C$

(2) $\dfrac{1}{2}x^2+4x+4\log|x|+C$

(3) $\dfrac{2}{5}x^2\sqrt{x}-\dfrac{4}{3}x\sqrt{x}+2\sqrt{x}+C$

146 (1) $-\cos x+3\tan x+C$

(2) $-2\cos x+\sin x+C$

(3) $e^{x-1}+C$

(4) 3^x-x+C

(5) $-\dfrac{5^{1-x}}{\log 5}+C$

147 (1) $-3\cos\dfrac{1}{3}x+C$

(2) $\dfrac{1}{\pi}\sin\pi x+C$

(3) $-\dfrac{1}{2}e^{-2x}+C$

(4) $2e^{\frac{x}{2}}+C$

148 (1) $-\dfrac{1}{5}\log|3-5x|+C$

(2) $\dfrac{1}{80}(2x-1)^4(8x+1)+C$

(3) $\dfrac{2}{3}(x+8)\sqrt{x-4}+C$

(4) $\log|x+2|+\dfrac{2}{x+2}+C$

(5) $\dfrac{3}{8}(2x-5)\sqrt[3]{2x-5}+C$

(6) $-\dfrac{1}{6(2+3x)^2}+C$

149 (1) $\dfrac{1}{6}(x^2-4x+1)^3+C$

(2) $\dfrac{1}{5}\sin^5\theta+C$

(3) $\dfrac{1}{3}(x^2+1)\sqrt{x^2+1}+C$

(4) $-\dfrac{1}{2}e^{1-x^2}+C$

(5) $\dfrac{1}{3}(\log x)^3+C$

150 (1) $\log|x^2-x|+C$

(2) $\log(e^x+e^{-x})+C$

(3) $\log(1+\sin x)+C$

151 (1) $-(x+2)\cos x+\sin x+C$

(2) $\dfrac{1}{2}xe^{2x}-\dfrac{1}{4}e^{2x}+C$

(3) $\dfrac{1}{3}x^3\log x-\dfrac{1}{9}x^3+C$

152 (1) $(x^2-2x+2)e^x+C$

(2) $x^2\sin x+2x\cos x-2\sin x+C$

(3) $x(\log x)^2-2x\log x+2x+C$

153 (1) $\dfrac{1}{2}x^2-x+\log|x+1|+C$

(2) $\dfrac{1}{2}\log\left|\dfrac{x-2}{x}\right|+C$

(3) $\log\dfrac{(x-1)^2}{|x+3|}+C$

154 (1) $x-\dfrac{1}{2}\sin 2x+C$

(2) $-\dfrac{1}{8}\cos 4x-\dfrac{1}{4}\cos 2x+C$

(3) $\dfrac{1}{12}\sin 6x+\dfrac{1}{8}\sin 4x+C$

(4) $\dfrac{3}{2}x+2\sin x+\dfrac{1}{4}\sin 2x+C$

155 (1) $\dfrac{3}{7}(x+1)^2\sqrt[3]{x+1}$
$\qquad\qquad -\dfrac{3}{4}(x+1)\sqrt[3]{x+1}+C$

(2) $\dfrac{1}{2}\log\left|\dfrac{e^x-2}{e^x}\right|+C$

(3) $e^{x^2-x+3}+C$

(4) $-\dfrac{1}{5}\cos^5\theta+\dfrac{2}{3}\cos^3\theta-\cos\theta+C$

(5) $2\sqrt{\sin x}-\dfrac{2}{5}\sin^2 x\sqrt{\sin x}+C$

(6) $\log x-\log|\log x+1|+C$

156 (1) $\dfrac{1}{4}\log\left(\dfrac{2+\sin x}{2-\sin x}\right)+C$

(2) $\dfrac{1}{2}\log\left(\dfrac{1+\sin x}{1-\sin x}\right)+C$

(3) $e^x-2\log(e^x+1)-\dfrac{1}{e^x+1}+C$

157 (1) $\dfrac{1}{3}(2x+1)\sqrt{2x+1}$
$\qquad\qquad +\dfrac{2}{3}(x+1)\sqrt{x+1}+C$

(2) $\log(x^2-x+1)+C$

(3) $\tan x-\dfrac{1}{\tan x}+C$

158 $a=2,\ b=0,\ c=-1$
$\qquad \log\dfrac{x^2+1}{|x+2|}+C$

159 (1) $-\dfrac{1}{2}e^{-x}(\sin x+\cos x)+C$

(2) $x\log(x+\sqrt{x^2+1})-\sqrt{x^2+1}+C$

160 $y=2x^3-x^2+3x+9$

161 $\log|x+\sqrt{x^2+1}|+C$

162 略

1-2. 定積分

163 (1) 0 (2) $\dfrac{27}{2}$ (3) $\dfrac{65}{3}$

(4) -16 (5) 88 (6) $\dfrac{108}{5}$

164 (1) $\dfrac{64}{5}$ (2) 1 (3) $\log 2+1$

(4) $\log\dfrac{4}{3}$ (5) $-\dfrac{54}{5}$

(6) $\dfrac{4\sqrt{2}}{3}$

165 (1) $\dfrac{\pi}{8}-\dfrac{1}{4}$ (2) $\sqrt{3}-\dfrac{\pi}{3}$

(3) $e^4-\dfrac{1}{e^4}+8$ (4) $\dfrac{4}{\log 5}+e-1$

(5) $\dfrac{\sqrt{2}}{2}$ (6) 1

166 (1) e^2+1 (2) 1

167 (1) -12 (2) 0 (3) $e^2-\dfrac{1}{e^2}$

(4) $\dfrac{\pi}{3}$

168 (1) $\dfrac{14}{15}$ (2) $\dfrac{16\sqrt{2}}{3}$ (3) $-\dfrac{15}{8}$

169 (1) $\dfrac{1}{2}$ (2) $\dfrac{7}{24}$

(3) $e-1+\log\dfrac{2}{e+1}$

(4) $\log\dfrac{e+1}{e}$ (5) $\log\dfrac{3}{2}$

(6) $\dfrac{1}{2}(e-1)$

170 (1) $\dfrac{9}{4}\pi$ (2) $\dfrac{\pi}{6}$ (3) $\dfrac{\sqrt{2}}{6}\pi$

(4) $\dfrac{\pi}{4}$ (5) 2π

(6) $\log(\sqrt{2}+1)$

171 (1) π　(2) -1

(3) $3\log 3-2$　(4) $\dfrac{1}{4}(e^2+1)$

(5) $\dfrac{\pi}{2}$　(6) $\dfrac{1}{9}\left(\dfrac{4}{e^3}-1\right)$

172 (1) $F'(x)=x\sin x$

(2) $F'(x)=1-\cos x+x\sin x$

(3) $F'(x)=4x\sin 2x$

(4) $F'(x)=9x\sin 3x-x\sin x$

173 (1) $2e-2$　(2) $2\sqrt{2}$

174 (1) $\dfrac{2}{15}$　(2) $\log(2+\sqrt{3})$

175 (1) 1　(2) $\dfrac{1}{16}\pi^2+\dfrac{1}{4}$

(3) $2\log 2-\dfrac{3}{4}$　(4) $\dfrac{1}{4}(e^2-1)$

176 $\dfrac{1}{4}(\log 2)^2$

177 (1) $F'(x)=\sin x$

(2) $F'(x)=-\cos x+1$

(3) $F'(x)=\dfrac{e^x-1}{x+1}$

178 $f''(x)=\sin^2 x$

179 $a=2,\ f(x)=-2\cos x$

180 略

181 (1) 略　(2) $\dfrac{\pi}{4}$

2. 積分法の応用

182 (1) $\dfrac{16}{3}$　(2) $\dfrac{46}{3}$

183 (1) $\dfrac{4}{3}$　(2) $\dfrac{9}{2}$　(3) 8

(4) $\dfrac{37}{12}$

184 (1) $\dfrac{4\sqrt{2}}{3}$　(2) $3\log 3-2$

(3) $2\log 2$　(4) $\dfrac{5}{2}$

185 (1) $\dfrac{32}{3}$　(2) 4　(3) $\dfrac{4}{3}$

(4) $\dfrac{4}{3}-\log 3$　(5) $2\sqrt{2}$

186 (1) 3　(2) $\dfrac{1}{6}$　(3) e^2+1

(4) 2

187 $\dfrac{27}{4}$

188 (1) $e^e-\dfrac{1}{2}e^3-\dfrac{1}{2}e$

(2) $\dfrac{1}{2}e^2-e-\dfrac{1}{2}$

189 (1) 3π　(2) $\dfrac{8}{15}$

190 (1) $\dfrac{16}{15}\pi$　(2) $\dfrac{16}{105}\pi$　(3) 36π

191 (1) $\dfrac{8+6\log 3}{3}\pi$　(2) $\dfrac{7}{6}\pi$

(3) $\dfrac{1}{2}\pi^2$　(4) $\dfrac{e^4-1}{2}\pi$

192 (1) $\dfrac{2}{3}\pi$　(2) $\dfrac{e^4-1}{2}\pi$

(3) $\dfrac{28}{15}\pi$　(4) $(e-2)\pi$

193 (1) $\dfrac{2}{3}$　(2) $\dfrac{3}{2}$　(3) $e-1$

194, 195 略

196 $y=-2x-1,\ y=6x-9,\ $面積$\dfrac{16}{3}$

197 $\dfrac{1}{6}$

198 $1-3\log\dfrac{\sqrt{3}}{2}$

199 (1) $2\log 2-1$　(2) $1-\dfrac{7}{3e}$

200 $a=\dfrac{\pi}{3}$

201 $\dfrac{\sqrt{3}}{8}\pi$

202 (1) 132π　(2) $\dfrac{2\pi^2+3\sqrt{3}\,\pi}{8}$

203 $2\pi^2a^2b$

204 $\dfrac{16}{105}\pi$

205 (1) $\dfrac{(2\pi+3\sqrt{3}\,)\pi}{3}$

(2) $(2\pi-3\sqrt{3}\,)\pi$

206 $\dfrac{\sqrt{2}}{60}\pi$

3章の問題

1 (1) $\dfrac{3}{4}x^3\sqrt[3]{x}\left(\log x-\dfrac{3}{4}\right)+C$

(2) $\dfrac{x\cdot 2^x}{\log 2}-\dfrac{2^x}{(\log 2)^2}+C$

(3) $2\sqrt{2}$ (4) $\log\dfrac{2e}{e+1}$

2 (1) $\sqrt{3}-1-\dfrac{\pi}{12}$

    (2) $\dfrac{1}{\log 2}$

3 (1) $-\dfrac{2}{\pi^2}$

    (2) $I=\dfrac{1}{2}+\dfrac{4a}{\pi^2}+\dfrac{a^2}{3}+ab+b^2$

    (3) $a=-\dfrac{24}{\pi^2}$, $b=\dfrac{12}{\pi^2}$ のとき

     最小値 $\dfrac{1}{2}-\dfrac{48}{\pi^4}$

4 (1), (2) 略
    (3) $f(x)=2x-2+2e^{-x}$

5 (1) $y=\dfrac{1}{t}x+\log t-1$

    (2) $S(t)=\dfrac{e^2-1}{2t}+(e-1)\log t-e$

    (3) $t=\dfrac{e+1}{2}$

6 $\mathrm{P}\left(\dfrac{\pi}{6},\ \dfrac{\sqrt{3}}{2}\right)$

7 (1) $V=\left(\dfrac{8}{3}-2a+\dfrac{a^3}{2}\right)\pi$ $(0<a<2)$

    (2) $a=\dfrac{2\sqrt{3}}{3}$ のとき $\dfrac{8(3-\sqrt{3})}{9}\pi$

8 (1) $S_n=(\sqrt{n}-1)^2$ (2) 1

9 略

●本書の関連データが web サイトからダウンロードできます。

https://www.jikkyo.co.jp/download/　で

「新版微分積分Ⅰ　演習　改訂版」を検索してください。

提供データ：問題の解説

■監修

おかもとかず お
岡本和夫　東京大学名誉教授

■編修

ふくしまくにみつ
福島國光　元栃木県立田沼高等学校教頭

やす だ ともゆき
安田智之　奈良工業高等専門学校教授

さ とうたかふみ
佐藤尊文　秋田工業高等専門学校准教授

さ えきあきひこ
佐伯昭彦　鳴門教育大学大学院教授

すず き まさ き
鈴木正樹　沼津工業高等専門学校准教授

●表紙・本文基本デザイン──エッジ・デザインオフィス
●組版データ作成──㈱四国写研

新版数学シリーズ

新版微分積分Ⅰ　演習　改訂版

2011年10月31日　　初版第 1 刷発行
2020年10月30日　　改訂版第 1 刷発行
2022年 4 月20日　　　　　第 2 刷発行

●著作者　　岡本和夫　ほか
●発行者　　小田良次
●印刷所　　株式会社広済堂ネクスト

●発行所　　実教出版株式会社

〒102-8377
東京都千代田区五番町 5 番地
電話［営　　業］(03) 3238-7765
　　［企画開発］(03) 3238-7751
　　［総　　務］(03) 3238-7700
https://www.jikkyo.co.jp/

無断複写・転載を禁ず

ISBN　978-4-407-34943-6　C3041

Printed in Japan